国家自然科学基金青年项目"耕地重金属污染的靶向共治机理与治理效应研究"（项目批准号：42201234）之成果

湖北省域
生态环境治理体系现代化：
机制、路径与政策

李平衡　著

WUHAN UNIVERSITY PRESS
武汉大学出版社

图书在版编目(CIP)数据

湖北省域生态环境治理体系现代化:机制、路径与政策/李平衡
著.—武汉:武汉大学出版社,2022.10
　ISBN 978-7-307-23352-2

Ⅰ.湖…　Ⅱ.李…　Ⅲ.区域生态环境—环境综合整治—研究—湖
北　Ⅳ.X321.263

中国版本图书馆 CIP 数据核字(2022)第 185570 号

责任编辑:朱凌云　　　责任校对:李孟潇　　　版式设计:马　佳

出版发行:**武汉大学出版社**　(430072　武昌　珞珈山)
　　　　(电子邮箱:cbs22@ whu.edu.cn　网址:www.wdp.com.cn)
印刷:武汉邮科印务有限公司
开本:720×1000　1/16　印张:14.25　字数:204 千字　插页:1
版次:2022 年 10 月第 1 版　　2022 年 10 月第 1 次印刷
ISBN 978-7-307-23352-2　　定价:52.00 元

前　　言

党的十九届四中全会通过了《中共中央关于坚持和完善中国特色社会主义制度、推进国家治理体系和治理能力现代化若干重大问题的决定》，从顶层设计上提出了国家治理体系与治理能力现代化的战略规划。生态环境治理现代化是国家治理现代化的重要内容，体现了国家治理现代化人的维度和自然维度的统一。随着"国家治理体系和治理能力现代化""人与自然和谐共生的现代化"等命题的提出，以及生态环境治理实践的发展，我国生态环境治理现代化的研究迅速升温，并取得了一定进展。

湖北作为我国重要的生态功能区，虽然在生态环境治理上取得了不少成效，但离生态环境治理现代化目标还存在不少差距；而本书正是基于湖北生态环境治理现状，以"提出问题—分析问题—解决问题"为思路，通过分析湖北为什么要推进生态环境治理体系现代化、生态环境治理体系现代化是什么、怎么样实现湖北省域生态环境治理体系现代化，探讨湖北省域生态环境治理体系现代化的具体路径。

具体而言，本书的主要内容包含以下三大部分：

第一部分为"提出问题"部分，在这部分，先运用 DEA 模型对湖北生态环境治理效应进行评价，然后从体制机制欠缺、生态技术创新滞后、产业体系绿色化低、城镇化引发环境污染压力巨大、绿色生活方式形成缓慢等维度剖析湖北生态环境治理存在的现实困境，进而得出湖北为什么要推进生态环境治理体系现代化。

第二部分为"分析问题"部分，本部分提出了湖北省域生态环境治理体系现代化的基本架构，重点分析了湖北省域生态环境治理的政府责任体系、企业责任体系、全民行动体系、监管体系、市场体系、法规政策体系与能力支撑体系。然后从治理的理念领引、治理主体角色定位与多主体博弈、治理的结构网络三个方面剖析湖北省域生态环境治理体系现代化机理，从而为第三部分论述如何实现湖北省域生态环境治理体系现代化奠定基础。

第三部分为"解决问题"部分，也是本书的核心部分。在这部分，首先设计了湖北省域生态环境治理体系现代化的保障机制，主要包含生态环境治理的决策机制、生态环境治理政策的执行机制、生态绩效管理机制、市场化多元化生态补偿机制、人居环境管护长效机制。其次，从生态产业体系建设、碳达峰碳中和、乡村生态振兴、无废城市建设、优化国土空间开发格局五个维度阐述湖北省域生态环境治理体系现代化的实现路径。最后，论述了湖北省域生态环境治理体系现代化的支持政策，主要包括健全自然资源资产产权制度、严守生态保护红线、完善自然资源环境有偿使用制度、培育生态环境治理市场、健全生态文明绩效考核办法。

总之，本书三部分内容紧密联系，形成一个完整的系统，第一部分是第二部分的基础，第三部分是第二部分的升华，紧紧围绕"湖北省域生态环境治理体系现代化的机制、路径与政策"这一核心研究对象展开。

目　　录

第一章　绪论 ·· 1

　　第一节　问题的提出与研究意义 ····················· 1

　　第二节　国内外研究综述 ··························· 3

　　第三节　研究思路、研究内容与研究方法 ············· 10

第二章　湖北生态环境治理的现状概述 ················· 13

　　第一节　湖北生态环境治理的主要成效 ··············· 13

　　第二节　湖北生态环境治理效应评价分析 ············· 18

　　第三节　湖北生态环境治理困境分析 ················· 25

第三章　湖北推进省域生态环境治理体系现代化的理论基础与

　　　　　现实逻辑 ·································· 28

　　第一节　湖北省域生态环境治理体系现代化的理论基础 ····· 28

　　第二节　湖北省域生态环境治理体系现代化的现实逻辑 ····· 38

第四章　湖北省域生态环境治理体系现代化的基本架构 ······ 41

　　第一节　健全生态环境治理的政府责任体系 ··········· 41

　　第二节　完善生态环境治理的企业责任体系 ··········· 43

　　第三节　健全生态环境治理的全民行动体系 ··········· 46

　　第四节　夯实生态环境治理的监管体系 ··············· 47

　　第五节　健全生态环境治理的市场体系 ··············· 50

第六节　健全生态环境治理的法规政策标准体系 ……………… 53

第七节　提升生态环境治理的能力支撑体系 …………………… 55

第五章　湖北省域生态环境治理体系现代化的机理分析 ……… 66

第一节　湖北省域生态环境治理体系现代化的理念引领 ……… 66

第二节　湖北省域生态环境治理体系现代化的主体构成 ……… 70

第三节　湖北省域生态环境治理体系现代化的结构网络 ……… 88

第六章　国外生态环境治理体系现代化的经验启示 …………… 94

第一节　国外生态环境治理体系现代化的主要举措及经验 …… 94

第二节　国外生态环境治理体系现代化对湖北的启示 ……… 104

第七章　湖北省域生态环境治理体系现代化的机制设计 …… 108

第一节　优化生态环境治理的决策机制 ………………………… 108

第二节　规范生态环境治理政策的执行机制 ………………… 112

第三节　构建生态绩效管理机制 ……………………………… 114

第四节　建立市场化多元化生态补偿机制 …………………… 118

第五节　健全人居环境管护长效机制 ………………………… 130

第八章　湖北省域生态环境治理体系现代化的实现路径 …… 135

第一节　推进生态产业体系建设 ……………………………… 135

第二节　全力推进碳达峰碳中和实施 ………………………… 153

第三节　全面推进全省乡村生态振兴 ………………………… 159

第四节　加快无废城市建设 …………………………………… 181

第五节　优化国土空间开发格局 ……………………………… 186

第九章　湖北省域生态环境治理体系现代化的支持政策 …… 190

第一节　完善自然资源资产产权制度 ………………………… 191

第二节　严守生态保护红线 …………………………………… 194

第三节　完善自然资源环境有偿使用制度 ………………… 196

第四节　培育生态环境治理市场 …………………………… 199

第五节　健全生态文明绩效评价考核与责任追究办法 ………… 201

参考文献 …………………………………………………… 205

第一章 绪 论

第一节 问题的提出与研究意义

一、问题的提出

党的十九届四中全会提出了推进国家治理体系与治理能力现代化。在此背景下，如何推进生态环境有效治理，关系到湖北生态文明建设的成败。当前，湖北生态保护与经济发展协同度不强，整体联动的融合机制存在缺陷，生态环境保护机制尚不健全，市场化、多元化的生态补偿机制建设进展缓慢，生态环境保护的硬约束机制尚未建立，农村绿色发展滞后。一方面，湖北农业面源污染依然严峻、农产品质量安全威胁加重、水土污染恶化，仅有少数的乡村生态资源被投资于绿色生产、生态环境污染治理、生态修复与重建等方面。另一方面，传统生态环境治理存在着政策问题建构的模糊性、政策执行的粗放性、政策效果的"高成本低效能"等问题，这种"大水漫灌"式治理往往忽视了生态环境的"特殊性"和"多样性"特征，导致了治理的"空心化"现象。面对这些现实问题，在推进生态环境治理现代化视域下，需要提升生态环境治理的效能，引导从"粗放治理"向"靶向治理"、"单一治理"向"多元治理"转变，最终实现治理的现代化。

加强生态文明建设，改进生态环境治理结构，推进生态环境治理现代化是化解当前生态环境危机的必然选择，更是实现湖北经济社会永续发展的必由之路。践行"绿水青山就是金山银山"理念，迫切需要推进生态环境治理现代化。湖北生态环境治理现代化作为全省治理体系与治理能力现代化的重要内容，其内涵可以从现实生态环境压力和对传统的生态危机反思两个方面来理解。从现实生态环境压力来看，生态环境问题已经成为当前湖北面临的重大威胁。近年来，全省各地各类生态环境事件频繁发生，已经牵涉政治、经济、社会等方方面面。从对传统生态危机的反思来看，生态危机是"高投入、高消耗、高污染、低效益"传统经济发展方式的结果。而要破解生态危机，就需要转变经济发展方式、调整产业结构，理清经济发展与生态保护的内在关系，实现经济的生态化与生态的经济化。因此，现实生态环境压力和对传统生态危机的反思推动着生态环境治理必须走向现代化。这就要求推进湖北省域生态环境治理现代化必须要化解当前生态危机，实现生态保护和经济发展的和谐共生，确保湖北经济社会可持续发展，为我国生态问题的解决贡献湖北独特的力量。

二、研究意义

本研究的理论意义：一是有利于拓展生态环境治理理论的研究范畴。结合生态环境治理现代化的特征，按照生态经济学逻辑探讨湖北生态环境治理体系现代化问题，是效应管理理论与生态环境治理理论交叉融合研究范式的有益尝试，有利于丰富与拓展生态环境治理理论的研究范畴。二是有利于生态环境问题的市场化解决。生态环境治理理念认为生态文明建设、生态环境保护并不是简单的一种生态正义维护行为，而是一种积极主动的环境资源生产性投资过程，探讨怎样实现将生态优势转化为经济优势，真正将"绿水青山"转变为"金山银山"，可以为推动政府的角色转变与生态环境问题的市场化解决提供相应理论指导作用。三是有利于完善生态经济与绿色发展理论的核心范畴和基本原理。本研究以"湖北省域生态环境治理体系现代化"作为研究对象，对生态环境治理理念、制度、技术、方法等进行了探讨，进而有利于完善生态经济与绿色发展理论的核心范畴和基本原理。

本研究的现实意义：一是能够为政府决策部门开展生态环境治理体系现代化建设提供参考借鉴。本研究在梳理、归纳国内外生态环境治理体系现代化的理论基础与现实逻辑之后，构建了湖北生态环境治理体系现代化的基本架构，重点提出了湖北省域生态环境治理体系现代化的机制、路径与政策，将理论研究与实践应用密切结合，以期为相关部门推进生态环境治理体系现代化提供相应的参考借鉴。二是能够为规范生态环境多主体协同治理行为提供管理范式。生态环境治理的成效，会受到政府、企业、公众与社会组织等各治理主体之间相互关系及其博弈抉择的影响，开展多元共治的治理体系重构，并探讨多元共治主体之间如何协同，可以为规范生态环境治理模式和治理强度提供管理范式。

第二节　国内外研究综述

生态环境问题是人类生存和可持续发展的核心问题。20世纪60年代末期，随着世界经济的快速发展以及经济结构的重大调整，引发了许多资源、环境和生态问题，如生态资源过度消耗与浪费、生态环境污染和生态系统破坏等。随着生态环境问题的逐渐突出，生态环境治理问题日渐成为经济学、资源经济学、生态经济学、环境经济学等多个学科领域众多学者共同关注的热点和焦点问题，并涌现出了大量的研究成果。

对生态环境治理进行研究要追溯到20世纪60年代为抵抗严重环境污染的绿色运动。美国著名学者丹·卡森在《寂静的春天》中探索了经济和生态协同发展方式，这在某种程度上标志着早期生态环境治理研究的开始。布克金在《我们的人造环境》中指出，自然生态斗争与推进生态环境治理将彻底改变原有经济社会结构。1972年，罗马俱乐部发表的《增长的极限》指出，如果经济野蛮极度增长，那么必将导致自然生态资源的耗竭。因此，他们主张控制经济增长速度并提出开展生态环境综合治理。联合国的《人类环境宣言》同样指明生态环境破坏可能带来的危害，强烈要求政府、企业、社会团体与公众承担生态环境保护应有的责任，共同参与生态环境污染治理。此后，生态环境治理研究逐渐展开。Darcy（2006）、Mongeli（2008）、Zeng（2009）等认为，生态环境治理除研发与应用生态技术外，更应该关注生态环境治理宏观战略和有关制度的创新与结合。Cole（2008）从政治学的视角分析了生态环境治理的核心是政治干预。Dean（2013）、Bisung（2014）等学者进一步指出，生态环境治理的制度创新需遵循生态环境规律，考虑相关利益者的利益表达与诉求。Abbott（2012）、Eva（2013）、Halkos（2015）的研究表明，要实现生态环境治理现代化，需要通过创新生态制度与推进多元治理相融合。

随着生态环境治理研究的深化，特别是生态环境问题向农村蔓延，生态环境污染治理现代化问题已经成为当下国内外学者研究的重点。国内外已有不少学者从生态环境治理现代化的内涵、治理模式、治理策略等方面进行了研究。

一、生态环境治理现代化内涵的研究

关于生态环境治理现代化的内涵，学者尚未形成一致意见，代表的观点有三种。其一，过程说。即强调生态环境治理现代化是构建生态环境治理体系、提高生态环境治理能力的过程。如李晓西等（2015），盛明科等（2022）将生态环境治理现代化界定为："党和政府在科学总结生态治理历史经验和发展规律的基础上，为了实现生态文明，创新生态治理理念、调整生态治理结构、完善生态治理机制、改进生态治理方式、推进生态治理体系科学化和多元主体治理能力提升的过程。"其二，转变说。即强调生态环境治理现代化是对传统生态环境管理模式的反思，是治理目标、理念、手段、方式等的结构性变迁（Zhou，2015；张利民等，2020）。如杨永浦与赵建军（2020）指出："与传统的生态管理体制不同，'生态治理'强调更多的是生态建设目标从单一注重数量向数量、质量、结构和功能'四位一体'方向转变；生态建设模式从行政主导向合作共治转变；生态建设手段从刚性命令式向柔性协商式转变。"其三，集成说。即强调生态环境治理现代化的外延要比污染防治和生态修复宽广，是适应生态文明建设要求的环境治理要素集成。如 Salahuddin（2019）、文丰安（2020）认为，"生态治理现代化是国家治理现代化的内涵要求，它不同于生态学意义上的环境修复和污染防治，而是推动形成生态文明建设过程中各参与主体思想、行为、制度、决策等多元协同、高效治理、有效保障体系制度机制的广义生态治理现代化"。

现代化既是一个过程，也是一个趋势，它包含着"变革""变迁""进步""重塑"等多重意蕴。生态环境治理现代化是现代化在生态环境治理领域的具体实现，它反映现代化建设和发展的普遍规律，体现国家治理现代化的内涵要求。"过程说""转变说"和"集成说"表述虽有差异，但都是从现代化的视角展开的，也都融合了现代化要素和生态环境治理的要求，对于揭示生态环境治理现代化的内涵深有启发。对此，已有学者反思传统生态环境管理模式、挖掘治理概念的精髓而形成对中国生态环境治理现代化特征的概括（孙特生，2018）。如有学者从治理要素的角度出发，将之概括为治理理念的合理化，治理主体结构的网络化，法制体系的完备化，治理方式的多样化，治理行为的有序化、精细化、国际化等（朱远、陈建清，2020）。有学者从治理结构的角度出发，将之概括为治理对象整合式，治理过程系统性，治理主体网络化（周鑫，2020）。也有学者从治理目标和要求的角度出发，将之概括为制度化、规范化、标准化和法治化（于水、李波，2016）。当然，以上学者大多沿用的是"治理现代化特征＋中国生态环境治理要求"的分析范式，角度有所不同，内容则存在重叠，精髓和要义主要还是制度化、民主化与协同化。

二、生态环境治理现代化模式的研究

在生态环境治理现代化模式上，当前很多学者主要以契约管理、综合治理等模式为主。Deng（2019）、欧阳康等（2021）研究发现构建以生态环境自治契约为核心的环境契约管理体系，是创新生态环境治理现代化模式的最佳选择。杨浩勃（2015）指出构建生态环境综合治理模式，有利于平衡各方治理主体利益，从而调动更多主体参与生态环境治理。丁霖

（2020）通过探讨政府治理模式与社会资本治理模式之间的关系，发现无论是目前主导的政府治理模式还是社会资本治理模式，都存在其自身的局限性，但是这两种治理模式之间并不是矛盾的。温暖（2020）在把握贫困和生态脆弱的规律性基础上，提出了构建以社区为核心的生态服务型经济体系；通过建立政府、第三方、公众、企业等主体共同参与的利益协调机制，不仅可以为社区发展以生态产品或生态服务为主的生态友好型环保产业，而且有利于促使社区履行生态环境保护义务，最终促进脱贫地区的经济社会发展与生态环境治理。

此外，近年来，随着政府单一治理生态环境污染模式弊端凸显，生态环境治理逐渐从"政府单一管制"向"政府监管辅以公众参与"阶段过渡，部分学者提出生态环境多元共治、协同共治、协商共治等相类似的现代化治理理念，并展开了相应的研究探讨。文丰安（2020）、Georgios（2019）研究发现生态环境多元共治存在诸多优势，能有效回应行政监管民主化、公共化问题，解决当前生态治理过程中过度依赖生态行政管制而带来的制度困境。而鞠昌华（2019）、詹国彬（2020）发现生态环境多元共治模式并不是最佳的，同样面临相应的治理缺陷与困境，比如生态环境治理权力结构失调、政府跨部门治理主体之间相关信息共享与行动协调能力差、政府环境监管部门的权威性偏低、企业主体性地位发挥不够、公众参与的积极性偏低等现实挑战问题。针对生态环境治理多元共治存在的弊端，王树义（2019）提出了协商共治理念，强调关注主体多元的同时还需注重民主的真实性与决策的合法性，从而构建主体多元性、客体确定性与权力多向性的现代化治理结构。王雪梅等（2020）、张蕴（2020）指出要在共生理论指引下，通过构建政府、企业、社会以及公众等治理主体之间良性互动的生态协同共治的共生关系，依靠内外共生系统来推进多元主体利益均衡，从而达到生态现代化共治价值目标。还有部分学者则从机制构建与制度保障方面提出了完善现代化多元共治的政策措施。谌杨（2020）指出要通过构建"配合与协作机制"解决政府、企业、公众三者的客观不足型原生缺陷、构建"限制与制约机制"破解主观过当型原生缺陷。潘加军等（2019）、熊晓青（2019）、罗志高等（2019）、胡天蓉等（2020）认为要从厘清多元主体权力职责、明确统一监管体系、强化政府监管效率、激发市场主体积极性、拓宽社会公众参与路径等思路来构建推动生态环境现代化治理机制，具体而言，要构建主体合作互动机制、利益协调实现机制、信息共享机制、生态服务投入机制；同时，还要从产权制度、环境制度、法律制度等方面提供制度保障，以推动生态环境治理现代化的真正实现。

三、生态环境治理现代化策略的研究

生态环境治理现代化不是对原有生态环境管理模式的修补，而是对生态环境治理理念、制度、技术、方法等的革命性重构。对于如何推进生态环境治理现代化，学者提出的策略集中在以下几个方面：

一是创新生态环境治理理念。生态环境治理现代化需要治理理念的现代化，形成具有中国特色的生态环境治理理念（张婷婷，2021）。首先，在指导思想方面，要以马克思主义生态观，特别是习近平生态文明思想为指导（曲延春，2021）。习近平生态文明思想"体现了深厚的中华传统智慧的滋养、马克思主义生态观的新发展和世界生态哲学的中国化，是中国生态现代化建设的指导思想"。其次，在价值取向方面，要以人民对美好生活的向往为根本出发点，以"生态惠民、生态利民、生态为民"为基本落脚点，突出社会主义核心价值观在生态环境治理方面的引领功能，彰显生态安全、生态民主、生态公正的价值意蕴（Ulrich Brand，2019）。再次，在治理思维方面，制度思维为推进我国生态文明建设、提高国家生态治理能力提供了强大思想引领，要将制度思维和制度意识贯穿于生态环境治理过程中（郝栋，2020）。最后，在视野境界方面，要树立生态环境治理的全球观，筑牢人与自然和谐的人类命运共同体意识，为全球生态环境治理提供中国智慧（杨美勤，2019）。

二是构建生态环境治理制度体系。生态环境治理制度体系是生态环境治理体系现代化的核心，它通过国家权力规定的方式为生态治理行动设定

基本的权力关系和权力体制。从内容上说，生态环境治理制度体系有四个组成部分。第一，政策制度体系。包括财政和税收政策、生态补偿政策、金融政策、自然资源产权政策、排污权交易政策等。政策制度激励各主体做好策略集选择，调控好自己的行为（Zhou，2015；余敏江，2020）。第二，法律制度体系。确定各类法律间的位阶关系，加强法律制度间的配套衔接，按照系统治理要求编织好法律制度之网。同时，探索"人员交叉执法机制"以避免地方保护主义，力求法律执行无盲区和死角（盛明科、岳洁，2022）。第三，监督考核和评价体系。数量主导型的考评、无差异化的考评是误导党政干部生态环境行政行为的重要原因（文丰安，2022）。要落实"党政同责、一岗双责、终身追责"制度，将生态环境指标纳入各级党政考核体系并加大权重；推动形成"1项核心责任+3个督查层面+1个重要载体+8种压力传导机制"的环保督查体系，保证生态治理责任链条不断裂。第四，文化理念体系。营造崇尚制度的氛围，把生态文明保护相关法律法规纳入普法宣传教育重点内容，实现"意识的革新"到"人的革新"的转变，让关爱自然和环境成为公民的素养和习惯。

三是重塑多元参与主体角色。扮演战略规划者和主体责任人角色的政府应重塑自我，抓好"限权""放权"和"分权"。治理绝非意味着政府的隐退，一个强有力的政府恰恰是保障治理有效性的基础性条件。改变政府"层层加码"和"简单分包"的生态环境管理方式，摆脱主从关系式的生态环境管理结构，实现行政手段和市场化、民主化手段的融合（欧阳康、郭永珍，2022）。增强政府制度供给的精准性，推动多种资源和多元利益的整合，形成生态环境治理的思想合力和行动合力。作为环境污染主要责任者和生态环境治理主力军的企业应主动承担起绿色发展和生态保护的社会责任，推动企业生产的绿色化转向。依据生态尺度标准合理调整生产模式和产品质量标准，在防止成本外化的同时降低内部交易成本，增大企业绿色生产的溢出效应（Xiang，2016）。扮演生态环境治理践行者、监督者、宣教者等多重要角色的社会组织应赋能释能。通过制度化职责赋予，拓展社会组织的活动空间和参与场域，增强社会组织的责任感和效能感，形成"政府强、社会强"的生态环境治理结构。作为生态环境治理利益相关者和实践者的居民应实现"经济人"向"生态人"的身份转换。确立居民的生态环境治理主体意识，形成居民对生态决策和环保活动的理性认知和参与自觉，共筑诗意栖居的人类家园。

四、研究述评

国内外相关学术跟踪研究表明，当前对于生态环境治理现代化主要从内涵、模式、策略等层面出发展开研究，但这些研究只是从生态环境治理现代化表象出发的，关于生态环境治理现代化方面的研究文献也偏少。可见，国内外对生态环境治理现代化的相关研究，在广度和深度上还有待进一步提高。生态环境治理现代化研究仍存在如下亟待解决的问题：（1）相对于生态环境治理现代化的理念宣导，其理论研究有待进一步的加强。（2）结合国家治理体系与治理能力现代化和生态文明建设等国家重大经济社会发展问题来创新生态环境的治理理念，进一步深化生态环境治理现代化研究的趋势。目前湖北生态文明建设正处在一个重要的变革和转折时期，切不可割断人与自然的联系而单纯让自然生态封闭修复，有必要结合生态环境的实际情况转变生态环境治理思路，通过市场机制弘扬人类主观能动性来为环境减负、为生态增值，从而使政府、企业、社会和公众对生态环境增值由"被动"变"主动"。因此，通过创新生态环境治理现代化理念，提出新的生态环境治理理念并开展对应的研究，无疑是深化湖北生态环境治理研究的必然趋势。

总之，相对于"湖北省域生态环境治理体系现代化"这一新的研究课题，国内外相关的学术研究成果十分值得参考与借鉴。而本书正是在选择、吸收、借鉴前人研究成果之上，针对当前湖北生态环境治理存在的现实困境，以生态环境整体思维与综合性视角，探讨湖北生态环境污染的现状与困惑，提出解决当前难题的"现代化"治理理念，重点展开生态环境治理体系现代化的机制、路径与政策的研究。

第三节　研究思路、研究内容与研究方法

一、研究思路

本研究采取"提出问题→分析问题→解决问题"的逻辑思路，将整个研究分为三个阶段，即湖北为什么要推进生态环境治理体系现代化、生态环境治理体系现代化是什么、怎么样实现生态环境治理体系现代化。在提出问题部分，先对湖北生态环境治理效应进行评价，然后剖析湖北生态环境治理的现实困境，进而得出湖北为什么要推进生态环境治理体系现代化。在分析问题部分，提出了湖北省域生态环境治理体系现代化的基本架构，分析了湖北省域生态环境治理体系现代化机理，从而为第三阶段如何实现湖北省域生态环境治理体系现代化奠定基础。在解决问题部分，从机制设计、实现路径与支持政策三个维度提出了湖北省域生态环境治理体系现代化的推进策略。具体的技术路线如图1-1所示。

二、研究内容

本研究基于湖北生态环境治理现状的基础上，以"提出问题—分析问题—解决问题"为思路，通过分析湖北为什么要推进生态环境治理体系现代化，生态环境治理体系现代化是什么，怎么样实现湖北省域生态环境治理体系现代化，探讨湖北省域生态环境治理体系现代化的具体路径。具体而言，本研究的主要内容包含以下三大部分：

第一部分为"提出问题"部分，在这部分，先运用DEA模型对湖北生态环境治理效应进行评价，然后从体制机制欠缺、生态技术创新滞后、产业体系绿色化低、城镇化引发环境污染压力巨大、绿色生活方式形成缓慢等维度剖析湖北生态环境治理存在的现实困境，进而得出湖北为什么要推进生态环境治理体系现代化。

第二部分为"分析问题"部分，本部分提出了湖北省域生态环境治理

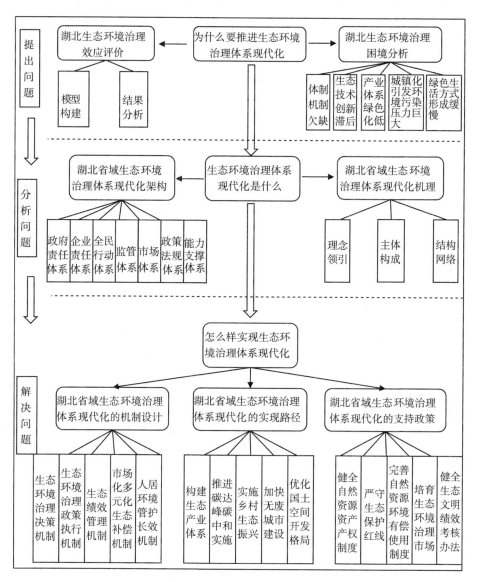

图 1-1　本研究技术路线图

体系现代化的基本架构，重点分析了湖北省域生态环境治理的政府责任体系、企业责任体系、全民行动体系、监管体系、市场体系、政策法规体系与能力支撑体系。然后从治理的理念领引、治理主体构成、治理的结构网络等三个方面剖析湖北省域生态环境治理体系现代化机理,从而为第三部分论述如何实现湖北省域生态环境治理体系现代化奠定基础。

第三部分为"解决问题"部分,是本研究的核心部分。在这部分,首先设计了湖北省域生态环境治理体系现代化的保障机制,主要包含生态环境治理的决策机制、生态环境治理政策的执行机制、生态绩效管理机制、市场化多元化生态补偿机制、人居环境管护长效机制。其次,从生态产业体系建设、碳达峰碳中和、乡村生态振兴、无废城市建设、优化国土空间开发格局等五个维度阐述湖北省域生态环境治理体系现代化的实现路径。最后,论述了湖北省域生态环境治理体系现代化的支持政策,主要包括健全自然资源资产产权制度、严守生态保护红线、完善自然资源环境有偿使用制度、培育生态环境治理市场、健全生态文明绩效考核办法。

三、研究方法

(一)文献解析法

通过梳理国内外有关生态环境治理体系现代化的内涵、模式与策略的文献,科学把握当前国内外生态环境治理现代化动态,系统总结国外尤其是发达国家在生态环境治理方面的一些经验做法,为完善湖北省域生态环境治理体系现代化提供相应的借鉴。

(二)Bootstrap-DEA 模型效应评价法

本研究立足生态环境效应视角,建立基于 Bootstrap-DEA 模型的生态治理效应评价指标体系,分析湖北生态环境的总效应以及市际效应动态变化趋势、指数排名及其变化,采用收敛模型检验其时空演进的收敛性质。

第二章 湖北生态环境治理的现状概述

第一节 湖北生态环境治理的主要成效

一、生态环境治理政策法规体系逐渐完善

随着生态文明建设的不断推进,湖北的生态环境治理政策体系建立的步伐加快。省、市(州)、部门、行业、领域等各个层面的生态环境治理发展体制机制和政策日趋完善和严格,法律法规、行政、经济、自律性等各种类型的生态发展政策工具被不断丰富和强化,不同政策之间的协同性也在不断增强。特别是近年来,湖北大力推动节能减排和应对气候变化工作,先后出台了《湖北省环境保护督察方案(试行)》《湖北省党政领导干部保护自然资源和生态环境行为警示》《湖北省人民政府关于发展低碳经济的若干意见》《湖北省碳排放权交易试点工作实施方案》《湖北省碳排放权管理和交易暂行办法》《湖北省碳排放配额分配方案》《湖北省温室气体排放核查指南(试行)》《湖北省生态环境厅关于印发开展"碳汇+"交易助推构建稳定脱贫长效机制试点工作的实施意见的通知》《湖北省工业炉窑大气污染综合治理实施方案》《湖北省生态环境厅关于印发湖北省近零碳排放区示范工程实施方案的通知》《关于推进长江保护法贯彻实施守护长江母亲河 促进我省长江经济带高质量发展的决定》等一系列较为系统的生态环境治理的制度和政策体系,实

现生态环境治理各个环节均有法规政策支撑，形成了上下配套的制度体系，并取得显著成效，为推进湖北省生态环境治理工作积累了丰富的制度经验。这些政策与国家层面的政策相互衔接、支撑，使整体生态发展政策体系不断完善，为国家的生态发展战略、规划和政策体系制定提供了很好的经验和参考，从而为全国生态文明建设的推进打下了坚实的基础。

二、生态环境治理的关键指标持续改善

生态环保政策体系及体制机制的建立和完善，大大促进了节能减排工作和应对气候变化工作，使湖北的生态环境治理的关键指标持续优化。节能技术的应用大大提升了各部门的绿色发展能源效率，使能源强度持续下降。非化石能源发展成效明显，使湖北的能源结构不断低碳化；供给侧结构性改革大大推进了产业结构的优化和生态化。一是主要污染物减排明显。2020 年，全省四项主要污染物排放总量较 2015 年明显减少，全面完成国家下达湖北省的主要污染物总量减排任务。其中，二氧化硫、氮氧化物、化学需氧量、氨氮排放量较 2015 年分别下降 27.3%、24%、13.8% 和13.6%，累计分别实现重点工程减排量 14.5 万吨、12.6 万吨、19.1 万吨和 2.1 万吨。产业结构实现了由"二三一"到"三二一"的历史性转变。尤其是全省能源系统大力推进节能减排，能源结构持续优化，非化石能源消费占比达 18% 以上，高于全国平均水平 3 个百分点，煤炭消费占比下降至 54% 以下，可再生能源发电装机占比 60% 以上，新能源发电装机超过1000 万千瓦。二是污染防治攻坚成果显著。在蓝天保卫战方面，2020 年，全省 17 个重点城市 PM2.5 年均浓度值为 $35\mu g/m^3$，与 2019 年相比下降16.7%，与 2015 年相比下降 42.6%。纳入国家考核范围的 13 个城市PM2.5 年均浓度为 $37\mu g/m3$，与 2019 年相比下降 15.9%，与 2015 年相比下降 40.3%（见表 2-1）。

表 2-1　　**2020 年湖北省 17 个重点城市 PM2.5 年均值浓度情况**

排序	城市名称	PM2.5（µg/m³）				
		2020 年	2019 年	2015 年	较 2019 年增减幅度	较 2015 年增减幅度
1	神农架	19	21	35	-9.5%	-45.7%
2	恩施	27	32	49	-15.6%	-44.9%
3	咸宁	30	36	52	-16.7%	-42.3%
4	潜江	31	40	67	-22.5%	-53.7%
5	仙桃	32	40	60	-20.0%	-46.7%
5	天门	32	44	66	-27.3%	-51.5%
7	十堰	33	39	51	-15.4%	-35.3%
8	黄石	35	40	64	-12.5%	-45.3%
8	孝感	35	43	68	-18.6%	-48.5%
10	黄冈	36	40	56	-10.0%	-35.7%
11	武汉	37	45	67	-17.8%	-44.8%
11	荆州	37	46	67	-19.6%	-44.8%
11	随州	37	42	63	-11.9%	-41.3%
14	鄂州	38	42	65	-9.5%	-41.5%
15	宜昌	41	52	66	-21.2%	-37.9%
16	荆门	45	56	66	-19.6%	-31.8%
17	襄阳	52	60	72	-13.3%	-27.8%
13 市州		37	44	62	-15.9%	-40.3%
全省		35	42	61	-16.7%	-42.6%

此外，2020 年，全省 17 个重点城市空气质量优良天数比例为 88.4%，其中达到优的天数比例为 33.5%，达到良的天数比例为 54.9%；各城市空气质量优良天数比例在 74.9%（襄阳）～100%（神农架）之间。纳入国家考核范围的 13 个城市空气质量优良天数比例为 87.5%，其中达到优的

天数比例为 30.8%，达到良的天数比例为 56.7%，比 2015 年提高 17.4%（详见表 2-2）。

表 2-2　　**2020 年湖北省 17 个重点城市空气质量优良天数比例**

排序	城市名称	优良天数比例（%）				
		2020 年	2019 年	2015 年	较 2019 年变化	较 2015 年变化
1	神农架	100	98.4	94.4	1.6	5.6
2	恩施	96.4	94.5	83.4	1.9	13.0
3	十堰	94.8	85.5	80.7	9.3	14.1
4	咸宁	94.0	78.6	74.0	15.4	20.0
5	黄石	89.9	78.4	71.2	11.5	18.7
6	天门	89.6	75.6	70.3	14.0	19.3
7	潜江	89.3	80.8	65.4	8.5	23.9
8	黄冈	88.5	80.0	74.2	8.5	14.3
9	孝感	87.9	74.5	65.1	13.4	22.8
10	鄂州	87.4	79.2	63.5	8.2	23.9
10	荆州	87.4	76.4	64.7	11.0	22.7
12	随州	87.2	77.0	72.4	10.2	14.8
13	仙桃	86.5	77.8	72.0	8.7	14.5
14	武汉	84.4	67.1	61.3	17.3	23.1
15	宜昌	84.2	68.8	72.1	15.4	12.1
16	荆门	80.3	65.2	66.0	15.1	14.3
17	襄阳	74.9	62.7	63.2	12.2	11.7
13 市州		87.5	76.0	70.1	11.5	17.4
全省		88.4	77.7	71.4	10.7	17.0

在碧水保卫战方面，近五年来，持续"一水一策"统筹推进流域综合整治，累计实施水污染物减排项目 2 万多个，300 多家省级及以上工业集

聚区基本建成污水处理设施；新（改、扩）建乡镇污水厂2000多座，基本实现乡镇生活污水处理全覆盖；地级及以上城市建成区黑臭水体全部完成整改销号。全面落实河湖长制和小微水体"一长两员"长效管护机制，清理非法占用河道岸线达2万多公里，完成五大湖泊退垸（田、渔）还湖700多平方公里。国家对湖北2020年水环境质量指标综合评价结果为优。在净土保卫战方面，完成了所有重点行业企业工业用地土壤污染状况调查，并建立了湖北省涉土壤污染重点行业企业数据库，摸清了相关企业数量、分布以及环境风险情况。率先在全国启动施行了农用地分类管理办法，制定完成全省耕地土壤环境质量类别清单。加强受污染耕地安全利用和严格管控，完成安全利用耕地面积139.9万亩、严格管控类面积14.4万亩，核算受污染耕地安全利用率达到94%以上。强化污染地块再开发利用准入管理，核算受污染地块安全利用率达到100%。各级生态平台快速增长。近年来，全省已经成功创建了12个国家级生态文明建设示范市县、3个"绿水青山就是金山银山"实践创新基地，32个省级生态文明建设示范市县、620个省级生态乡镇、5317个省级生态村。这些平台的成功创建，促进了湖北省生态文明建设进程，为湖北省生态环境治理现代化创造了良好的现实基础。

三、城乡生态环境统筹治理进一步加强

湖北在推进城乡一体化发展过程中，将城乡生态环境统筹治理放在重中之重。近年来，湖北省采用科学的环境治理规划，对农村环境和城市环境进行同步实施方案，改变了以前忽视农村环境建设的态度。特别是湖北省推进农村人居环境整治，通过积极统筹衔接城乡环境保护设施，结合美丽宜居村庄建设、脱贫攻坚、农村环境连片整治等工作，瞄准农村人居环境治理设施不足、管理落后等突出问题，聚焦农村"厕所革命"、垃圾治理等重点，集中力量，攻坚克难，实现整体提升。同时，采用政府投入、财政补贴、住户自费、社会资本等多种方式，解决了农村废水处置、垃圾处理等基础问题，建立了环境基础保护设施。通过多种方式引导居民提高

环境保护意识，养成良好的生活习惯。此外，湖北在加大城乡一体化环境治理过程中，对污染严重的地区进行防范整治，完善生态环境治理保护体系，逐步实行城乡生态环境保护由统一的部门执法和监管的体制。

四、生态市场规模初见成效

"十三五"以来，湖北不断加大对生态环境的治理力度，转变生产方式，积极培育与发展生态市场。湖北作为全国首批 7 个碳交易试点省区之一，湖北省委省政府高度重视碳交易和碳市场建设工作，多次召开专题会议研究部署相关重大问题。湖北专门成立应对气候变化组织，统筹部署各项降碳工作，对碳市场建设提供决策参考。目前，湖北碳市场已经覆盖电力、石油、钢铁、水泥、化工等 16 个主要行业的 373 家控排企业，碳排放量占到全省的 50% 以上。湖北还积极在全国率先探索碳金融服务，开展了碳资产托管、碳质押贷款、碳保险、碳众筹等业务。2020 年，湖北碳排放权交易中心市场交易规模、吸收资金规模、纳入企业参与度等关键市场指标居全国首位，累计碳配额成交实现 3.56 亿吨，成交额 83.51 亿元，均占全国一半以上。湖北碳市场的持续发展，为碳达峰碳中和目标的实现奠定了坚实的市场基础。同时，湖北还积极培育农村生态市场，截止到 2020 年，全省有效使用"三品一标"标志企业超过 3119 家，品牌总数达到 6052 个，总产量达到 1987 万吨。现如今，"三品一标"产品的市场份额逐年提高，有效改善了农业生态环境。

第二节 湖北生态环境治理效应评价分析

一、评价模型构建

（一）DEA 模型

在构建 Bootstrap-DEA 模型之前，先要将传统 DEA 模型的基础假设进行界定。传统 DEA 模型假设存在生产可能性集合少 Ψ：

$$\Psi = \{(x,\ y) \in R_+^{p+q} / x \, can \, produce \, y\} \tag{2-1}$$

式（2-1）表示 p 项投入 x 生产出 q 项产出 y，投入要素集 $X(y)$ 定义为：

$$X(y) = \{x \in R_+^p / (x,\ y) \in \Psi\} \tag{2-2}$$

式（2-2）满足三个假设：第一，对所有 y，$X(y)$ 满足凸性假设；第二，非 0 的产出 y，要求投入变量 x 部分非 0；第三，投入 x 和产出 y 都满足强可处置性。投入要素集 $X(y)$ 的效率边界是 $\partial X(y)$，定义为：

$$\partial X(y) = \{x / x \in X(y),\ \theta x \phi X(y),\ \vee \, 0 < \theta,\ < 1\} \tag{2-3}$$

对给定的投入和产出组合 $(x_k,\ y_k)$，$\theta_k = \min\{\theta / \theta x_k \in X(y_k)\}$ 为投入导向型治理效应值。

若存在样本观察值集合 $S = \{(x_i,\ y_i) / i = 1,\ \cdots,\ n\}$，通过式（2-2）和式（2-3）可以求得对应的 $\hat{X}(y)$、$\partial \, \hat{X}(y)$ 和 $\hat{\theta}$，其中 $\hat{\theta}_k$ 可通过如下线性规划问题式（2-4）求得，式（2-4）就是规模收益不变的 DEA 模型，由于最先由 Charnel 提出来，故又被称为 CCR 模型。

$$\hat{\theta}_k = \min\{\theta / y_k \leqslant \sum_{i=1}^n \lambda_i y_i;\ \theta x_k \geqslant \sum_{i=1}^n \lambda_i x_i;\ \theta > 0;\ \lambda_i \geqslant 0,\ i = 1,\ \cdots,\ n\}$$

$$\tag{2-4}$$

在不能满足所有个体都会进行最优规模生产的情况下，CCR 模型会导致技术效率（TE）测量结果与规模效率（SE）混淆。Banker 为克服该问题，通过将凸性约束条件 $\sum_{i=1}^n \lambda_i = 1$ 添加到式（2-4）中形成式（2-5），即规模收益可变的 DEA 模型，或称 BCC 模型。

$$\hat{\theta}_k = \min\{\theta / y_k \leqslant \sum_{i=1}^n \lambda_i y_i;\ \theta x_k \geqslant \sum_{i=1}^n \lambda_i x_i;\ \theta > 0;$$

$$\sum_{i=1}^n \lambda_i = 1;\ \lambda_i \geqslant 0,\ i = 1,\ \cdots,\ n\} \tag{2-5}$$

（二）Bootstrap-DEA 模型

Bootstrap-DEA 模型实施过程如下：

阶段 1：对所有决策单元 DMU(x_k, y_k)，$k = 1, \cdots, n$，采用传统 DEA 模型基数效应分值 $\hat{\theta}_k$。

阶段 2：堆在阶段 1 计算得到的 n 个决策单元的效应得分 $\hat{\theta}_k$，$k = 1, \cdots, n$，采用 Bootstrap 模拟生成 n 列随机效应值 $\theta^*_{1b}, \cdots, \theta^*_{nb}$。

阶段 3：计算"伪样本"(X^*_{kb}, b)，$X^*_{kb} = (\hat{\theta}_k / X^*_{nb}) * X_k$，$k = 1, \cdots, n$。

阶段 4：从"伪样本"中计算出来的"伪估计值"$\hat{\theta}^*_{kb}$，$k = 1, \cdots, n$。

阶段 5：通过重复阶段 1 到阶段 4B 次，形成一串效应值 $\hat{\theta}^*_{kb}$，$b = 1, \cdots, B$。

$$Bias(\hat{\theta}_k) = E(\hat{\theta}_k) - \hat{\theta}_k \tag{2-6}$$

$$Bias(\hat{\theta}_k) = B^{-1} \sum_{b=1}^{B} \hat{\theta}^*_{kb} - \hat{\theta}_k \tag{2-7}$$

Bootstrap-DEA 模型修正偏差后效应估计值为：

$$\tilde{\theta}_k = \hat{\theta}_k - Bias(\hat{\theta}_k) = 2\hat{\theta}_k - B^{-1} \sum_{b=1}^{B} \hat{\theta}^*_{kb} \tag{2-8}$$

对应的置信区间为：

$$P_r(-\hat{b}_a \leqslant \hat{\theta}^*_{kb} - \hat{\theta}_k \leqslant -\dot{a}_a) = 1 - a \tag{2-9}$$

$$P_r(-\hat{b}_a \leqslant \hat{\theta}_k - \theta_k \leqslant -\dot{a}_a) \approx 1 - a \tag{2-10}$$

$$\hat{\theta}_k + \dot{a}_a \leqslant \theta_k \leqslant \hat{\theta}_k + b_a \tag{2-11}$$

二、变量与数据说明

（一）投入产出指标的选取和数据来源

在湖北生态环境治理效应的产出指标方面，现有研究大多选用 GDP 作为产出指标，本研究在借鉴前人研究基础上，也选取 GDP 作为产出指标。选取指标主要包括耕地面积、城市建设用地面积、从业人员数、资本存量、城市用水量、能源消耗总量，二氧化硫、固体废弃物、废水、烟尘和粉尘排放量。本书变量的数据主要来自历年《湖北统计年鉴》《湖北省生态环境状况公报》《湖北农村统计年鉴》以及湖北各地市州统计年鉴与统计公报。表2-3为指标的描述性统计结果。

表2-3　　　湖北生态环境治理效应投入与产出变量的描述性统计

变量	单位	符号	样本数	标准差	均值
国内生产总值	亿元	GDP	450	7966.77	6769.65
从业人员数	万人	L	450	1523.30	2293.05
资本存量	亿元	K	450	4368.74	3805.07
耕地面积	千公顷	GD	450	2818.51	4243.21
城市建设用地面积	万公顷	JSYD	450	6.38	7.92
城市用水量	亿立方米	YS	450	12.63	15.15
能源消耗总量	万吨标准煤	NY	450	6386.78	7964.07
二氧化硫排放量	万吨	SO_2	450	39.24	59.03
固体废弃物排放量	万吨	GF	450	4545.32	4675.04
废水排放量	万吨	FS	450	61748.90	72134.05
烟尘排放量	万吨	YC	450	24.31	27.32
粉尘排放量	万吨	FC	450	23.54	26.32

（二）投入产出指标的 Pearson 相关检验

DEA 模型要求投入指标与产出指标需要同时满足"保序性"假设，即在增加相关投入指标时，产出指标不能减少。本书采用 Pearson 相关系数检验法进行分析（表2-4）。检验结果显示，湖北地市州生态环境治理投入变量除了耕地面积（GD）、烟尘排放量（YC）、粉尘排放量（FC）三个变量外，其他投入变量与产出变量 GDP 的相关系数都为正相关，并在1%的显著性水平下显著。因此，湖北生态环境治理效应测算时需要剔除耕地面积（GD）、烟尘排放量（YC）、粉尘排放量（FC）三个变量。

表2-4　　　　生态治理效应产出变量的 **Pearson** 相关系数分析

投入变量	L	K	GD	JSYD	YS	NY
	0.6371*	0.8764*	0.1341	0.8526*	0.6572*	0.8863*
	(0.0000)	(0.0000)	(0.6427)	(0.0000)	(0.0000)	(0.0000)
投入变量	SO_2	GF	FS	YC	FC	
	0.5417*	0.4926*	0.6978*	0.1326	0.0523	
	(0.0000)	(0.0000)	(0.0000)	(0.7459)	(1.0000)	

注：＊表示在显著性水平下显著，括号为检验的 P 值。

三、结果分析

（一）湖北生态环境治理效应评价结果

根据上述模型设定和数据基础对湖北省各地市州的生态环境治理效应值以及对应的置信区间进行估算。将 Bootstrap-DEA 模型的迭代次数设定为2500 次、置信水平设定为95%。虽然 CCR 规模报酬不变的假设（即式2-4)适用于所有单元都处在最优规模运作的情况，然而，由于存在市场不完全竞争、政府管制和补贴以及财政税收约束等因素，会导致湖北各地市州不可能在最优规模下运作，所以湖北各地市州生态环境治理效应评价模型应该选用规模报酬可变的 BCC 假设（即式 2-5）更为科学。结果见表2-5。

表2-5　　　　**2020 年湖北各地市州生态治理效应值与置信区间**

地区	DEA 效应值	Bootstrap-DEA 修正效应值	偏差	方差	下边界	上边界
神农架	1.0000	0.9168	0.0831	0.0166	0.7524	0.9977
恩施	1.0000	0.9101	0.0898	0.0201	0.7133	0.9979
十堰	1.0000	0.9513	0.0486	0.0123	0.8975	0.9987

续表

地区	DEA 效应值	Bootstrap-DEA 修正效应值	偏差	方差	下边界	上边界
咸宁	1.0000	0.9605	0.0397	0.0002	0.9085	0.9992
黄石	0.8965	0.8735	0.0299	0.0013	0.8487	0.8926
天门	1.0000	0.9289	0.0710	0.0064	0.08124	0.9974
潜江	0.8608	0.8333	0.0274	0.0003	0.7960	0.8590
黄冈	1.0000	0.9311	0.0689	0.0042	0.8679	0.9975
孝感	1.0000	0.9038	0.0961	0.0195	0.7428	0.9988
鄂州	0.9512	0.9211	0.0300	0.0003	0.8840	0.9493
荆州	0.9040	0.8792	0.0248	0.0002	0.8475	0.9025
随州	0.9898	0.9590	0.0308	0.0004	0.9218	0.9884
仙桃	1.0000	0.9040	0.9060	0.0224	0.7110	0.9979
武汉	0.9933	0.9082	0.0251	0.0001	0.8839	0.9318
宜昌	1.0000	0.9196	0.0803	0.0106	0.7845	0.9980
荆门	0.8931	0.8661	0.0270	0.0002	0.8372	0.8913
襄阳	0.7554	0.7319	0.0235	0.0002	0.7027	0.7540

　　表 2-5 以 2020 年为例,呈现湖北各地市州生态环境治理效应的传统 DEA 和 Bootstrap-DEA 两种模型的修正效率值以及相对应的置信区间。可见,DEA 效应值和 Bootstrap-DEA 的修正效应值并不相等,但呈现出相似的变动趋势。DEA 效应值和 Bootstrap-DEA 的修正值差值随城市的不同而存在差异,但都为正值,这也说明传统 DEA 效应值存在高估情况。Bootstrap-DEA 效应值基本都在置信区间内,而传统 DEA 效应值大多位于置信区间之外,说明 DEA 效应估计值的偏误是比较严重的。同时,根据置信区间的上下边界,可以判断效应真实值的大概统计位置,若两个城市生态环境治理效应的估计置信区间重叠部分越多,就说明两个城市的生态环境治理效应值相等的概率越大。

（二）湖北市际生态环境治理效应区域差异与变动趋势分析

根据 Bootstrap-DEA 模型对湖北 17 个地市州生态环境治理效应的评价结果如表 2-6 所示，据表可以进一步对比其区域差异以及变动趋势。

表 2-6 湖北各地市州 Bootstrap-DEA 生态环境治理效应的动态变化

地区	2016	2017	2018	2019	2020	历年均值	均值排名
神农架	0.7257	0.7786	0.8682	0.8981	0.9168	0.8177	9
恩施	0.7374	0.7898	0.8432	0.9003	0.9101	0.8176	10
十堰	0.8104	0.8723	0.9102	0.9402	0.9513	0.8833	2
咸宁	0.8782	8.8983	0.9192	0.9493	0.9605	0.9113	1
黄石	0.7023	0.7983	0.8234	0.8459	0.8735	0.7925	13
天门	0.8203	0.8456	0.8895	0.9103	0.9289	0.8664	3
潜江	0.6234	0.6957	0.7789	0.7987	0.8333	0.7242	16
黄冈	0.7452	0.7756	0.8453	0.8898	0.9311	0.8139	12
孝感	0.7236	0.7798	0.8672	0.8923	0.9038	0.8157	11
鄂州	0.8102	0.8203	0.8584	0.9021	0.9211	0.8478	6
荆州	0.6324	0.7269	0.7986	0.8392	0.8792	0.7493	15
随州	0.8203	0.8324	0.8823	0.8936	0.9590	0.8571	4
仙桃	0.7725	0.7956	0.8396	0.8997	0.9040	0.8269	8
武汉	0.7569	0.7995	0.8696	0.8997	0.9082	0.8314	7
宜昌	0.7798	0.8203	0.8921	0.9089	0.9196	0.8503	5
荆门	0.6978	0.7745	0.8203	0.8469	0.8661	0.7879	14
襄阳	0.5469	0.6213	0.7257	0.7304	0.7319	0.6561	17
全省平均	0.7402	0.7897	0.8432	0.8791	0.8999		

由表 2-6 可知，2016—2020 年，湖北各地市州生态环境治理效应基本上都是呈上升趋势的。但是各地市州之间存在一定的差异，咸宁、十堰、

天门排前 3，而襄阳、潜江、荆州排末位。各城市之间存在的差距，一定程度上与当地生态文明建设重视程度、实施的生态环境措施以及治理效果息息相关。当然，从全省来看，在 5 年多时间里，湖北生态环境治理效应是逐步提高的。这可能是因为随着湖北科技创新的不断推进，产业逐渐向绿色化转型，各种生成要素投入转化为生产力的效率较高。

第三节 湖北生态环境治理困境分析

一、绿色低碳经济发展的体制机制亟待完善

虽然湖北近年来出台了一系列的绿色低碳发展的生态环保政策，并且不少政策已经开始实施，但大多数政策的针对性不强，一些政策尚处于试点阶段，如《湖北省温室气体排放核查指南（试行）》《湖北省碳排放权管理和交易暂行办法》等还处于试行阶段，正式政策还有待试行完后出台。同时，湖北的绿色金融政策实施规模较小并以绿色信贷为主，远不能满足低碳发展的要求。甚至还有一些政策与机制尚处于研究阶段，还未开始实施。例如在一些发达国家已经实施的碳税，目前湖北还处于学界探讨研究阶段，尚未被采纳。此外，社会力量参与绿色经济机制、碳排放统计、监测体系、生态约束目标地区分解和考核机制等都有待建立健全。

二、生态技术创新水平亟待提升

整体来看，湖北的生态技术创新还处在起步阶段，2020 年才发布《湖北省构建市场导向的绿色技术创新体系实施方案（2020—2022 年）》。作为技术创新的核心领域之一，生态技术创新更是如此。一方面，生态技术创新虽然进步很大，但与世界发达地区、国内东部地区还有一定差距，一些指标还落后于一些发达国家。特别是碳捕捉技术、大气污染物超低排放、非化石能源消纳与接入技术等重大急需低碳技术还欠缺。即便在比较成熟的减排技术上，拥有自主知识产权、核心技术和高附加值的低碳环保

产品也普遍缺乏，一些减排技术的关键技术与核心元器件及材料还受制于发达国家。而且目前研发出来的减排技术还普遍存在推广难、选择难、融资难、落地实施难等突出问题，由此导致湖北的整体生态技术进步还相对缓慢。另一方面，尽管非化石能源技术创新近年来取得了重大突破，但也面临诸多挑战。基础研究和核心技术仍存在明显短板。例如，在风力发电领域，湖北在基础理论与应用研究、关键设备（叶片）以及设计软件方面，还有许多核心技术或工艺都与世界先进水平存在不小的差距，或者还是空白。

三、产业体系的绿色化进程需加速

产业结构优化升级和低碳转型是实现碳达峰碳中和的关键途径之一，但是目前湖北许多地方，特别是经济欠发达地市州及其周边县城，还存在产业结构优化升级能力不足的问题。很多经济欠发达地市州由于工业偏重于资源密集型产业或基础薄弱，服务业也以传统服务业为主，加之交通等基础设施和公共服务体系尚不健全，资金和科技支撑力度有限，因而这些地区很难靠自身力量推动产业结构升级，同时又难以吸引好的项目或投资来带动产业结构升级。即便是经济发达的武汉，目前也存在着土地等要素制约以及淘汰落后产能等困难，同时还面临着世界发达国家"再工业化"以及核心高新技术封锁等带来的产业结构高端化挑战。

四、城镇化导致的污染压力巨大

2020年，湖北的城镇化率超过61%，离美英日等发达国家的城镇化率80%以上还存在不少差距。由此可见，湖北的城镇化水平还有较大的提升空间，而城镇化的推进将带动大规模基础设施建设。根据《湖北省国民经济和社会发展第十四个五年规划和二〇三五年远景目标纲要》，湖北未来5~15年还有一大批交通、水利、能源、减灾、生态修复等重大工程要建设。而城乡基础设施体系和重大工程建设不可避免要大量使用钢铁、水泥、建材等碳密集型产品，同时建设过程也需要消耗大量的煤炭、电力等化石能源，这将对湖北生态环境治理产生巨大挑战。

五、绿色生活方式的形成还任重而道远

随着收入的增加，人民生活水平越来越高，加之完善的公共交通体系尚待优化，机动车的拥有量和使用频率与日俱增，直接导致生活能源消费和相应的碳排放不断上升。仅武汉市机动车保有量自 2010 年 9 月突破 100 万辆以来，随后每年以 30 万辆左右的速度递增，2020 年年底突破 381 万辆。机动车的快速增长，给节能减排带来不少压力。与此同时，随着各类家电产品在城乡居民中的使用越来越普及，不合理的消费乃至浪费现象屡见不鲜，间接导致了生产系统碳排放的上升。而且，随着扩大国内需求成为国家长期发展的战略基点，省内消费扩大对碳排放的影响将不断增强，因而生活方式的低碳化、绿色化程度将成为影响湖北生态治理进程的重要因素。

第三章　湖北推进省域生态环境治理体系现代化的理论基础与现实逻辑

第一节　湖北省域生态环境治理体系现代化的理论基础

一、生态文明理论

"生态兴则文明兴，生态衰则文明衰。"① 党的十八大以来，以习近平同志为核心的党中央审时度势，从全局性考虑将生态文明纳入我国社会主义建设"五位一体"总体布局中，开启了生态文明建设的新时代。生态文明理论是生态环境治理体系现代化的基础，生态环境治理体系则是生态文明实现的重要体现，生态环境治理体系的建构必须紧紧围绕尊重自然、顺应自然、保护自然的生态文明价值理念。

一方面，推进生态环境治理现代化是生态文明建设的必由之路。面对资源约束趋紧、环境污染日益严重、生态系统退化等系统性生态环境问题，必须把生态文明建设放在十分突出的地位，而生态文明建设必须要推进生态环境治理。生态环境治理已经成为湖北各级政府无法忽视、必须面对的紧迫问题，成为生态文明建设领域治理能力提升的集中体现，也成为全省实施生态兴省战略的重要手段和建设生态文明的关键举措。建设生态

---

① 习近平：《生态兴则文明兴——推进生态建设　打造"绿色浙江"》，《求是》2003 年第 13 期。

文明，必须积极推进生态环境治理现代化。这不仅是人民群众的现实诉求，也是党提升执政合法性的必要选择。在资源与环境硬性约束的条件下，推进生态环境治理现代化，既对湖北经济发展方式转型升级提出了新要求，也为湖北碳达峰碳中和探索了新思路。

另一方面，区域生态合作治理是生态文明建设的重要途径。新时代湖北的生态文明建设需要各地市州和主体功能区整体联动系统推进。因此，只有遵循生态文明理论的要求，牢固树立区域统筹协调经济社会发展与生态保护的共同体意识，不断地改革与创新体制和机制，构建多元联动跨区域的生态环境合作治理机制，通过采取跨区域生态环境合作治理行动，才能推动生态文明建设取得实际效果。

二、习近平生态文明思想

党的十八大以来，在"五位一体"总体布局下，生态文明建设已经成为国家战略的重要内容。基于这样的历史背景，习近平总书记根据新时代我国社会矛盾的变化以及生态文明建设的现实需求，创造性地提出了"绿水青山就是金山银山""山水林田湖是生命共同体""人与自然和谐共生"等一系列有关生态文明的新思想和新观点，建构起习近平生态文明思想。

（一）绿水青山就是金山银山的思想

协调好经济发展和环境保护之间的关系，是各国现代化和工业化进程中必然面对也亟需解决的核心难题。从西方各国现代化与工业化的历史实践来看，经济发展和环境保护是一对难以调和的矛盾，这主要由西方各国社会制度所带来。虽然我国改革开放以来，由于"以经济建设为纲"而忽视了对生态环境的保护，因此也带来了一些生态环境问题。但是由于我国社会主义制度的优越性，能够克服资本本质属性所带来的纯粹追求剩余价值的弊病，进而妥善处理好经济发展与环境保护之间的关系。就这样的关系问题，习近平总书记创造性地提出了"绿水青山就是金山银山"的科学论断，科学回答了经济发展中环境保护的问题，为中国走绿色的可持续发展道路指明了方向。

第一，明确生态环境保护在经济发展中的基础性地位。我国在改革开放后相当长的一段时期内，特别是在推进工业化和现代化的进程中片面强调经济发展的重要性，忽视了对生态环境的保护和修复，有些地区相继出现了严重生态环境污染，造成了绿水青山的严重破坏，甚至还滋生了各种环境风险。习近平总书记所提出的"两山论"思想不仅规范了生态环境保护与经济发展之间的关系，还强调了生态环境保护在经济发展中的基础性地位，这表明了我国经济发展方式的重大转变。

第二，推动经济可持续发展与生态保护的结合。经济发展是任何文明、任何国家在任何历史阶段都必然会面对的问题，但处理好经济发展与环境保护之间的关系问题又是摆在各国面前的难题。习近平同志所作出的"两山论"科学论断并系统回答了这个问题，提出了走绿色可持续发展之路。其一，"两山论"明确指出了生态环境保护与治理是经济可持续发展的必要前提和重要基础。当前我国全面贯彻和实施"两山论"思想，已经取得了生态环境保护与治理的诸多成果。其二，"两山论"明确了环境保护和治理是实现代际间环境公平和生态正义的重要路径。"两山论"科学回答了通过生态环境保护和治理可以为后代子孙赢得更多更好的生存和发展空间。

第三，实现经济价值与生态价值的内在统一。在国家现代化和工业化进程中，只有实现经济价值和生态价值的内在统一，通过经济发展和生态保护的双重支撑才能推动社会经济的可持续发展。自改革开放以来，人们长期受经济增长思维的影响，认为为了实现经济效益甚至可以牺牲环境效益，导致环境治理与经济发展逐步走向对立。习近平总书记所提出的"两山论"理论就明确指出了生态价值及其所产生的生态效益同样具有重要的现实经济价值。与此同时，"两山论"还指出生态价值与经济价值是一种相辅相成的互补关系，而不是对立的矛盾关系。国家的现代化是经济与生态的整体性现代化，生态价值和经济价值是一个统一的有机整体，不能简单地强调经济社会的单维度发展，而是需要走向生态复兴和经济发展的双重现代化。

（二）人与自然是生命共同体的思想

习近平总书记从自身治国理政的实践出发提出了人与自然生命共同体的思想，将人与山水林田湖视为一个生命共同体，包含了诸多生态环境治理理念。

第一，人类对自然生态环境的依赖性。习近平总书记在从生态文明的实践出发，在考察人与自然关系的基础上，提出了人与自然生命共同体的理论，并强调了人类对生态环境的依赖性。习近平认为，人类社会的存在和发展不是凭空产生的，而是基于山水林田湖等自然生态资源而生成与发展的。

第二，人类与自然生态系统的关联性。人类只是自然生态系统的组成部分而已，与自然界其他生命体存在着千丝万缕的关系，处理好人类与自然的关系是走向生态文明的关键。然而，一些国家或地区却忽视人与自然的关联性肆意攫取自然财富，最终带来了灾难性的后果，甚至还造成跨国的环境破坏和污染。因此，人类在生产生活中，就需要尊重自然、保护自然，与自然处理好关系。习近平总书记根据我国生态文明建设实践与现实需求，从山水林田湖与人的关系出发，生动形象地阐述了人与自然的关联性，并在这种关联性的基础上提出了人与自然共同构成命运共同体的论断。

第三，人类生态环境的规律性与系统性。在传统的农业文明时期，由于人类改造自然的技术和手段有限，人与生态环境的关系基本保持在相对和谐的状态。只是人类在进入工业文明后，随着人类改造自然的实践能力和技术的进步，人类开始向自然无度索取，人与自然相对和谐的关系被打破。因此工业革命以来，全世界范围内自然生态环境逐渐恶化，人与自然的关系趋于紧张，人类也因此常常遭受自然的报复。基于这样的背景，习近平总书记在总结我国生态文明建设经验的基础上，创造性地提出了"生命共同体"理论，深刻阐述了人类与自然生态环境之间的互相依存关系，即系统性。

（三）人与自然和谐共生的思想

在继承和发展马克思主义生态观的基础上，习近平总书记根据我国生态文明建设的基本经验和历史教训，深刻阐述了人与自然和谐共生的生态理念。在这个理论中，习近平创造性地提出保护好自然生态环境就是在保护人类及其子孙后代，改善自然生态环境就是改善人类自身的生存环境和生活质量，以此为基础进而构建人与自然和谐共生的新格局。

第一，保护生态环境就是保护人类。在面对改革开放以来城市和农村日益严峻的生态环境问题，在生态文明建设战略的推进下，我国部分地区生态环境有了明显好转，但是从全国来看生态环境问题依然较为严重，已经给人民群众的生产生活带来巨大的困扰，甚至直接影响国家经济的可持续发展和中华民族的复兴战略。正是基于这样的生态环境治理压力，习近平总书记从生态文明建设的实践出发指出了："要像保护眼睛一样保护生态环境，像对待生命一样对待生态环境。""让中华大地天更蓝、山更绿、水更清、环境更优美。"① 从这一点就可以看出，习近平总书记已经将保护自然生态与保护人类自身发展置于同一高度，鲜明地指出了未来生态文明建设的方向和目标。

第二，改善生态环境就是追求人类福祉。生态环境的恶化不仅给人民群众带来了直接的财产和健康损害，甚至还会带来长久的非确定性的环境风险。因此，通过生态环境保护和治理，不仅能够恢复自然生态环境，还能够解决环境问题所带来的社会矛盾。可以说，推进生态文明建设，保护了人民群众的环境利益，这就是造福于人民，增加人民群众的福祉。习近平总书记在面对国家生态环境问题时，从人民群众的根本利益和福祉出发，高屋建瓴地指出：要让人民群众不断感受到生态治理的成果，进而推

---

① 《"像保护眼睛一样保护生态环境"——中共中央政治局第四十一次集体学习精神述评》，http://news.cctv.com/2017/05/27/ARTIx4Acn7COAevzOdUGfbx1070527.shtml。

动我国形成绿色的生产方式和生活方式，这不仅关系到我国人民群众的环境利益，甚至直接影响到全人类的生态福祉。

第三，生态兴衰事关人类文明兴衰。从全球各种文明发展史看，一个文明能否保持兴旺发达，与该文明所在区域生态环境的好坏密切相关，例如南美洲的印加文明在生态资源走向崩溃时也逐步衰败下去；同样，我国西域地区的楼兰文明就是因为地下河干涸以及沙漠化而渐渐消失在历史的尘埃之中。可以说，生态环境的优劣好坏直接关系到文明的存续，一个地区自然生态系统的兴衰过程就是一个文明的兴衰过程。

三、生态安全理论

推进重点区域和重要生态系统治理现代化，全面提升各类生态系统的稳定性和服务功能，可以确保区域生态安全。一方面，生态安全是生态环境治理现代化的出发点和落脚点。生态安全既是人类在推进生态环境治理实践中必须遵循的理念，又是人类社会发展所必须追寻的生态目标。因此，需要划定好保障生态安全的红线、底线、上线。生态安全关乎经济发展、社会稳定、国民健康，更关乎国家长治久安、民族永续发展。伴随着湖北进入高质量发展阶段，经济下行压力加大，经济发展与生态保护的矛盾更加突出，区域生态环境资源分化趋势显现，许多生态功能区生态系统稳定性和承载能力下降，致使新发展格局下湖北生态安全呈现出复杂多变、风险加剧、危害加重、影响深远的态势。对此，只有划定并严守生态保护红线，优化国土空间开发格局，改善和提升生态系统服务功能，从而构建结构完整、功能稳定的生态安全格局，才能有效维护湖北生态安全。

另一方面，筑牢生态安全屏障是生态环境治理现代化的长远目标。国土生态安全是推进生态文明、建设美丽湖北的重要保障，是湖北长治久安和民族永续发展的基本前提。虽然湖北生态系统类型多样，但生态脆弱区域面积广大，脆弱因素复杂。因此，整合现有各类重大工程，构建生态安全屏障就显得十分必要了。湖北需要坚持山水林田湖草是生命共同体理念，完善以"三江四屏千湖一平原"为骨架的生态安全屏障。加强江河湖库生态保护治理，推进湖泊清淤及综合治理，加强退化湿地保护修复，提升河湖、湿地生态系统稳定性。推进三峡库区、丹江口库区、神农架林区等重点生态功能区的保护和管理。持续开展国土绿化行动，加强天然林公益林建设，实施森林质量提升、退耕还林还草、土地综合整治等工程，建设长江、汉江、清江绿色生态廊道，提高全省森林覆盖率。

四、多元共治理论

长期以来，政府主导的生态环境治理体系很难有效应对涉及企业、社会等多方利益相关者的环境问题，市场自决型的治理绩效更难以预期，这就导致生态治理遭遇"政府失灵"和"市场失灵"的双重困境。这样的困境说明，推进生态环境治理，需要实现治理主体多元化。而如何建构高效的生态环境治理体系，让政府、企业、社会、公众等治理主体积极主动参与生态环境治理，是政府建立健全生态环境治理相关制度，提升生态环境治理能力的关键所在。

一方面，多元主体是实现生态环境治理现代化的现实需要。生态环境治理问题是一个涉及面广人多、影响深远的重大社会性问题，要坚持政府主导、多方参与、全民行动的原则。生态治理不单纯是政府的责任，而是整个社会的责任，仅靠行政的权威与力量，难以统筹协调并有效地实现预定目标，必须在政府、企业、社会与公众等治理主体之间形成强大的社会合力，协同推进湖北生态环境治理体系建设。

另一方面，协同共治是实现生态环境治理现代化的有效途径。结合多元主体的职能定位——政府主导、市场主演、社会协作、公众参与、媒体监督，形成协同共治的生态环境治理现代化的多元格局，创新政府、企业、社会、公众多元共治的生态环境治理体系，实现以法治为基础和保障、以协同共治为路径，通过统筹推进、协调发展，推进生态治理，最终实现生态环境善政与善治。当然，要实现生态环境治理现代化，还应该更好地发挥政府的主导和监管作用，提升企业的积极性和自我约束，强化社会组织和公众的参与和监督作用，才能真正实现协同共治生态环境的目标。

五、国家治理现代化理论

"治理"与"国家治理"相关问题在党的十八大之前已经是学术界的研究重点和重要话题,随着党的十九届四中全会的召开,"国家治理现代化"逐渐成为学术界的研究热点问题。国家治理体系和治理能力现代化作为马克思主义国家学说与新时代中国特色社会主义实践相结合的产物,是全面建成富强民主文明和谐美丽的社会主义现代化强国的题中应有之义。

(一)国家治理现代化的五大维度

国家治理现代化理论包含着经济治理、生态治理、社会治理、文化治理和政治治理等多个维度,这些治理维度互相支撑、共同发展。

在经济治理维度,经济治理现代化是国家治理现代化的基本维度,对其他维度的治理有决定性影响和基础性作用。推进国家经济治理现代化,首要的就是需要深刻认识和把握国家经济治理的本质和基本要求,从破解国家经济发展的深层次困境入手,才能实现我国经济发展和经济治理的现代化,为国家治理的其他维度奠定物质基础。

在生态治理维度,习近平同志自十八大以来从不同的视角阐述了生态文明建设的重要性,具体而言就是从生产力发展、文明存续以及国家生态安全的维度对生态文明建设和生态环境治理提出了一系列新理念新要求,在回答生态文明建设的若干具体问题和理论问题基础上形成了完整的生态治理理论体系。习近平同志早在宁德期间就开始思考生态环境问题,相继提出了"绿色GDP"、发展大农业和生态林业的思想,这标志着习近平生态治理思想的萌芽。习近平在浙江工作期间,根据生态文明建设的需要提出了著名的"两山理论",即"既要金山银山也要绿水青山",就是要将经济发展和生态治理都统一到社会主义现代化建设之中。在十八大以后习近平提出了"生态生产力"理论,指出需要通过法治和制度来保障生态治理。习近平生态治理思想不仅要求在生态治理实践中各社会主体、市场主体共同参与其中，还要求协调好经济发展与生态治理之间的关系，依托区域协调与全国统筹创新生态文化，加强生态法治化和制度化建设，从而实现人与自然的和谐发展。

在社会治理维度，社会治理现代化是国家治理现代化的重要组成部分，是政府力量与市场力量、社会力量协同治理社会公共事务的能力与体系的现代化过程。改革开放以来，虽然我国经济社会发展迅速，但是也积累了许多社会问题，需要通过创新社会治理体系来实现社会治理能力的提高。具体而言，就是在政府、市场、民众和社会组织积极参与的基础上，围绕"人民日益增长的美好生活需求"，借助社会化、法治化、智能化和专业化的治理手段，不断推进我国社会治理现代化的水平。

在文化治理维度，文化治理现代化是国家文化建设的重要手段，可以切实提高我国的文化软实力，促进我国综合国力的发展，实现社会主义的文化强国之梦。在国家治理现代化的基础上，党的十九届五中全会更明确提出了"坚定文化自信，增强文化自觉，加快文化改革发展"的新方向，这就需要在适应时代发展需要和满足人民美好生活需求的基础上激发全民族的文化创新力，通过文化治理制度体系的创新全面提升国家文化治理能力。

在政治治理维度，政治治理现代化是国家治理现代化的核心，其既受经济治理现代化的制约，同时又对经济治理起着巨大的反作用。就我国而言，政治治理现代化就是实现我国从政府的单维度管理向多元主体积极参与民主型政治转变，这也是中国共产党政治建设不懈追求的方向。

（二）治理体系与治理能力的现代化

随着我国国家治理实践的推进，党对国家治理体系与治理能力建设有了新的认识。在党的十九届四中全会报告中，习近平总书记旗帜鲜明地提出了"新时代中国特色社会主义思想和基本方略"，明确全面深化改革总目标是完善和发展中国特色社会主义制度、推进国家治理体系和治理能力现代化。

第一，需要理顺政府自身的运行机制。针对我国改革开放以来地方政府在改革探索中所存在的基层政府权限不足且权力和管理结构相对分散的困局，要赋予地方政府更多的自主权，整合省市县各级党政行政管理权，统筹和管理各类政府、社会与市场资源，探索职能相近党政部门的联合办公机制，健全基层政府的权力整合机制。

第二，需要理顺政府与市场的关系。在国家治理现代化实践中，需要在遵循市场机制的前提下，构建政府与市场的新型关系，政府要守护市场。换句话说，就是政府要对市场进行有效的监管并制定相关的市场规则。政府要激活市场，就是要政府制定并出台政策对市场主体和社会主体进行"创新型"引导。

第三，需要理顺政府与社会的关系。处理好政府与社会的关系，其中最为重要的就是要建立人民群众满意的服务型政府，保证人民在共建共享中获得更多实惠，将提高人民的获得感作为政府绩效考核的重要参考。

（三）治理模式的现代化

国家治理模式的现代化就是国家为了解决好政治、经济、文化、社会和生态等各个领域内的问题，通过创新治理方法、治理手段、治理技术和治理形式来实现国家治理的有效性。具体而言，国家治理的基本模式包括治理的民主化、治理的法治化、治理的科学化和治理的文明化。

治理模式的民主化不仅体现着治理的价值，还体现着治理手段的现代化，即以人民为中心的治理价值理性，强调一切为了人民、一切依靠人民的治理理念。在国家治理的各个领域，不仅需要政府力量在其中扮演掌舵者的角色，还需要其他社会主体、市场主体参与其中扮演好划桨者的角色。通过治理的民主化转变，实现治理主体从一元走向多元，治理模式也从政府的单一治理走向多元主体参与民主化的治理。

治理模式的法治化不仅包括法治体制的制度建构，而且包括法律制度在人们思维中的运行方式，即从宏观制度、体制完善的角度强调国家治理体系中的法治或法制。事实上，法治发展是国家现代化过程的一部分，它的发展轨迹与国家现代化过程是完全结合在一起的。

治理模式的科学化在传统意义上就是从科学的维度以科学的逻辑对治理的效果提供合理的解释，科学维度在国家治理中具有更优越地位。在国家治理实践中，单纯的科学维度也无法垄断国家治理中的知识话语，需要构建国家治理的新型知识输出模式，并培育有利于产生国家治理共生的知识基础。

治理模式的文明化体现了国家治理从"人治"走向文明。治理手段的文明化作为国家治理模式现代化的重要内容，其本质在于政府对社会公共社会治理的手段从行政命令转变为文化、道德等其他手段，而这种治理手段的转向是建立在文明化治理的基础之上的，其主要包括合作共治的"沟通—服务"型治理模式和非强制性治理手段。

第二节　湖北省域生态环境治理体系现代化的现实逻辑

一、推进美丽湖北建设的题中应有之义

无论是发达国家生态环境治理的实践经验，还是湖北需要解决的现实生态环境问题，都启示我们，只有不断提升生态环境的治理水平，加快推进生态环境治理现代化，才能从根本上实现生态文明建设。湖北作为全国主要生态大省，肩负着维护全国生态安全、确保长江永续东流的重大政治责任。要深入学习贯彻习近平生态文明思想，完整准确全面贯彻绿色发展理念，积极推进生态环境治理，坚持生态优先、绿色发展，更加注重生态系统修复、生态环境保护、经济绿色发展的系统性整体性协同性，努力建设人与自然和谐共生的美丽湖北。

在新的社会发展时代背景下，湖北广大地区应尽快改变以牺牲生态环境为代价的传统经济发展方式，强化生态环境治理与生态保护意识，积极推动生态保护行为实践。以"美丽湖北建设"为契机，以"生态兴省"为

目标，时刻保持对保护生态环境与经济绿色转型发展的使命感，共建天蓝、地绿、山青、水碧的美丽家园。

二、实现湖北碳达峰碳中和的现实需要

实现碳达峰碳中和是以习近平同志为核心的党中央做出的重大战略决策，是推动高质量发展、坚持人与自然和谐共生的内在要求。湖北要实现碳达峰碳中和的目标，就需要坚定实施应对气候变化战略，全面推动建立以绿色低碳循环为导向的现代经济发展体系，大力推进经济绿色转型升级、清洁能源发展、产业生态化。加强应对气候变化与生态环境保护相关工作统筹融合、协同增效，进一步推动经济高质量发展和生态环境高水平保护。这就需要降低碳强度、优化三次产业结构、调整能源结构、严格控制能源消费总量等诸多硬性指标来支撑，将降低碳排放、实现碳排放总量达峰纳入全省生态环境治理现代化中来统筹考虑。在生态环境治理过程中，要引导高耗能产业低碳降碳，鼓励地方、部门和重点行业开展达峰行动。强化低碳发展科技投入，提升科技自主研发创新能力，开发低碳降碳新技术。将低碳发展工作纳入省级生态环境保护督察，提高地方主动性和自觉性。同时，要积极争取国家提高三峡、葛洲坝等电能湖北省本地消纳比例。积极争取国家支持湖北发展核电，提高非化石低碳能源比例。合理安排煤炭总量，确保重点行业、重点企业、重点工程、重点项目的煤炭需求，实行等量、减量置换，建立收储机制，淘汰落后产能和落后工艺，全面禁烧散煤，推进煤炭绿色低碳高效利用。

三、新时代乡村生态振兴的现实抉择

生态美，则乡村美；生态兴，则乡村兴。推进乡村生态环境治理、奋力建设美丽宜居乡村是湖北实施乡村振兴战略的基本前提。乡村生态环境治理现代化不仅是促进农村人民群众身心健康与推进农业农村绿色健康发展的前提和重要保障，更是实现乡村生态振兴的重要体现。乡村作为生态涵养的主要区域，生态是广大乡村最大的发展优势与潜力，实施乡村生态

振兴战略就是要挖掘乡村生态环境价值，实现生态资源环境的保值增值。新时代，乡村生态环境治理现代化是融生产、生活、生态、文化于一体的一项复杂的系统工程，需要在加快推进农业农村现代化建设进程中，在保障好乡村广大人民群众的生态权益以及对优质绿色安全农产品需求的基础上，积极推动生态环境保护与维护生态系统稳定性，从而促进乡村的生态振兴。

四、满足人民对美好生活需要的逻辑必然

当前，保护生态环境已经成为广大人民群众的强烈愿望。进入新时代，湖北社会主要矛盾已经转化为人民日益增长的美好生活需要和不平衡不充分的发展之间的矛盾。随着湖北社会主要矛盾的重大变化，人们群众从过去"盼温饱""求生存"，到现在"盼环保""求生态"，良好的生态环境质量已在很大程度上成为影响人民群众幸福指数的关键所在。如今，人民群众对清新空气、清澈水质、清洁环境等自然生态产品的需求日益迫切。

近年来，湖北大力推进生态文明建设，虽然取得了十分显著的成效，但是生态文明建设仍然存在不少短板，优质生态产品还不能满足群众日益增长的需要。因此，湖北推进生态环境治理现代化的过程，就是满足人们对优美生态环境日益增长的需求的过程。

第四章　湖北省域生态环境治理体系现代化的基本架构

生态环境治理现代化体系主要是由生态环境治理主体多元化、治理客体结构化、治理过程系统化、治理方式民主化、治理能力科学化等诸多要素组成。生态环境治理体系现代化是经济、政治、社会现代化的必然要求，体现在各个方面，渗透到各个领域，从观念到行为、从政策到制度、从政治到经济、从政府到个人，不仅是政府和企业的责任，也是每个公民应尽的义务。从实践上看，生态环境治理改革和生态环境治理体系现代化是当前湖北生态文明建设的重要内容。构建生态环境治理现代化体系是一个错综繁杂的系统性工程，只有不断深化改革，坚持科学发展，方能促进这一体系的完善。对此，需要构建生态环境治理的政府责任体系、企业责任体系、全民行动体系、监管体系、市场体系、法规政策体系、治理能力支撑体系。

第一节　健全生态环境治理的政府责任体系

政府作为生态环境治理的主体，在生态环境治理中发挥着主导作用。具体而言，一方面，政府牵头制定各项生态环境治理的法律法规、政策以及环境标准体系，制定并实施生态环境建设总体规划和各类环保专项规划；另一方面，政府需要监督下级政府部门依法依规落实上级部门的各项生态环境治理政策；此外，政府还要提供生态环境治理相关的基础设施与公共产品服务，保障生态安全等。因此，政府理应在生态环境中履行相应的职责。特别是在由"全能型政府""管制型政府"向"服务型政府"转型的过程中，各级政府要全面准确履行其职能，向创造良好生态环境、提供优质生态产品、维护生态正义转变。

一、夯实政府生态环境治理的督察职责

湖北要完善省负总责、市县抓落实的生态环境治理工作机制。针对中央政府统筹制定的跨区域生态环境治理的各类方针，湖北要依据实际情况提出切实可行的总体目标，积极出台对应的举措，制定实施全省和地市州政府生态环境治理详细责任清单。湖北要对全省各类生态环境治理问题负总体责任，贯彻执行国务院各项生态环境领域的决策部署，组织环境保护部门牵头落实目标任务、政策措施、加大财政税收与资金支持。各市县要承担省级安排的具体责任，统筹做好环境保护监管执法、生态市场规范、环保资金安排、生态环境治理宣传教育等工作。

湖北要严格落实《湖北省生态环境保护督察实施办法》，强化对全省生态环境保护的督察，加大对各设区市各级党委政府、省属有关部门和国有企业开展例行环保督察的力度。同时，要健全全省生态环境监察体系，加强地市州生态环境监察派出机构建设。强化各类环境问题的审计监督，严格落实党政领导干部自然资源资产离任审计和生态环境损害责任终身追究制度。生态环境保护督察采取例行督察、"回头看"、专项督察和派驻督察等方式，应以长江、汉江生态环境保护为重点，夯实各级政府的生态环境治理的主体责任，持续推动生态环境质量改善和经济社会高质量发展。

二、明晰政府生态环境治理的财政支持职责

湖北应优化生态环境领域政府间事权和财权划分界限与关系，通过构建权责清晰、财力协调、区域均衡的省级与地市州财政关系，形成稳定的各级政府事权、支出责任和财力相对应的体制，加强全省生态环境重点领域精准化投入，助力湖北创建全国生态文明建设排头兵。具体来说，要划分生态环境规划制度制定、生态环境影响评价、环境污染防治、生态环境

领域其他事项四个方面的生态环境领域省级与地市州财政事权和支出责任。

在生态环境规划制度制定方面，将生态环境领域全省性规划、跨地市州区域性生态环境规划、影响较大的重点生态功能区生态环境规划制定，确认为省级财政事权，由省级承担各项财政资金的支出。而其他生态环境规划制度制定则确认为各地市州的财政事权，由各地市州自行承担财政支出。

在生态环境影响评价管理方面，应将省级生态环境部门负责制定并执行的规划和建设项目的生态环境影响评价管理及事中事后监管、生态环境领域准入的全省性管理，明确为省级财政事权，由省级负责各类财政资金支出。将省以下规划和建设项目的生态环境影响评价管理及事中事后监管、生态环境领域准入管理，明确为省以下财政事权，由各地市州承担支出责任。

在污染物排放及生态环境质量管理方面，应将全省性跨地市州的重点污染物减排与生态环境修复以及质量改善、各类生态示范平台创建等生态文明建设目标评价考核，全省性重要流域的入河排污口设置管理，全省性控制污染物排放许可证、各类主体排污权有偿使用和交易、碳排放权交易的统一监督管理，全省性的生态环境普查、统计、审计、专项调查评估和观测，明确为省级财政事权，由省级承担支出责任。此外，还应该将省以下行政区域内控制温室气体排放等事项，确认为省以下财政事权，由省以下地市州承担支出责任。

第二节　完善生态环境治理的企业责任体系

企业不仅是生态资源利用和能源消耗量最大的经济组织，而且是各类污染物排放量最大的组织。对此，企业的生成经营行为对湖北生态环境质量改善起着相当重要的作用。同时，企业在各类经济组织中，最具创新性，拥有解决生态环境问题的技术创新能力与资金保障能力，因而有能力承担起生态环境保护与治理的社会责任。

一、完善企业的环境管理机制

企业环境管理是指企业建立一套系统、完整、规范的环境管理标准体系，通过该系统可以高效、合理、系统地调控企业的各种环境行为，促使企业履行对社会的环境保护承诺，保证环境保护承诺和环境行为所需的资源投放和有效措施。在生产管理方面，企业应该选择购买绿色环境友好型的生产资料，研发低碳型新产品和新工艺，努力减少企业污水、废气、废渣等污染物排放，提升清洁生产能力。在研究开发与质量控制方面，企业需要通过技术创新，研究开发绿色产品，开发设计降低对环境污染的生产工艺，积极推行环境质量体系 ISO 14000 认证并加以实施。在销售服务方面，企业应该弥合消费者对绿色生态产品的需求，引导消费者对企业环境展开评价，满足顾客生态产品的需求，促使顾客改变消费理念和消费习惯；同时，企业还应该激励中间商和零售商提供绿色服务，减少生态环境破坏和环境污染，构建绿色供应链管理体系。在成本管理控制方面，企业积极开展环境审计，创新企业环境成本内化机制，强化对生态产品的成本、价格交易的合理分析。在自我环境监管方面，企业应该督促、检查本企业贯彻执行国家生态环保的各类方针政策、法律法规、标准，制定与本企业相应的环境保护体制机制，监督本企业环保设施的运行与污染物的排放，监测本企业环境质量及发展趋势。

二、改进企业绿色决策行为

企业生态环境治理责任主要是通过企业行为表现出来的，而企业的行为又受制于企业内部的决策层。因此，企业在生成各环节所做出的决策必须将生态环境保护与治理纳入企业决策者的工作之中，做到生态环境保护与企业健康发展相结合，在企业发展过程中同步实施生态环境规划、降污工程建设、环境修复，努力促进企业与自然生态和谐共生，在环境保护中优化企业发展模式。因此，企业决策中应该利益绿色化。

一方面，在企业成本动因的决策中，应寻求降低成本的最佳方案。企业绿色成本管理不仅要对企业生产经营各环节的成本动因进行详细分析，还要对因生产经营可能造成的生态环境污染、资源品耗费以及产品对人类的身心影响进行分析。通过对各种可能产生的成本动因和相关成本之间的分析，可以正确地分配各项间接费用，准确地计算各种产品成本。在准确计算产品成本的前提下，重点考虑传统成本管理中未考虑的绿色成本动因，以便寻求获得成本优势下的有效方式。如企业投资前，除需要考虑一般因素之外，还需要考虑因为新产品投入生产由此引发的生态环境成本。

另一方面，企业通过价值链分析，准确做出生产决策。首先，在企业与供应商之间的价值链上，企业对各供应商所提供原材料的质量、价格、交货效率、运输做出明智的选择。例如，企业采购部门在采购生产资料时，既要选择同等质量中价格较低的品种，以节约成本，又要考虑使用非环保型生产资料对生态环境产生的潜在危害，将产生的环境破坏成本作为企业采购生产资料的一个重要依据，实现经济利润和环境效益的同时兼顾。其次，在企业与顾客之间的价值链上，应该尽可能消除所有"不增加价值的行动"，如实施"适时生产系统"，维持"零存货"；实施"全面质量管理"，确保"零缺陷"。同时，对"可增价值的行动"，如产品的设计、加工制造、包装改良以及营销方面的行动等，都要尽可能提高其运作的效率，并不断减少其资源的占用和消耗，最大限度降低对生态环境的污染，促使企业能通过最环保、有效的方式满足顾客需要。

三、推行企业清洁生产方式

企业的清洁生产从发端就在于企业自愿。政府要求企业遵守相关的法律，但企业用什么方式方法来实现守法达标，以及清洁生产达标之后是否愿意继续改进，都取决于企业自觉性。因此，建立市场机制下的企业清洁生产运作形态，鼓励企业自愿参加，不采取政府强制执行。

首先，企业在新建、改建和扩建有关生产项目时，应当进行相应的环境影响评价，特别是对原材料使用、各种资源消耗以及污染物产生与处置等进行科学分析论证，做到优先采用资源利用效率较高、污染排放少的清洁生产技术、工艺和设备。

其次，企业在进行生产技术改造过程中，应当更多采取清洁生产措施；一是采用无毒或低毒、无害或低害的生产原材料，替代毒性大、危害性严重的生产原材料；二是要采用资源利用率高、污染排放少的工艺和设备，替代资源利用率低、污染排放多的工艺和设备；三是要对生产过程中产生的废弃物、废水和废渣等三废产品进行综合再次利用或者循环使用；四是要采用能够达到国家或者行业污染排放标准和污染物排放总量控制指标的污染防治技术。

再次，企业产品和对应包装物设计上，企业应当考虑其在生命周期中可能对消费者健康和生态环境的影响，优先选择无毒、无害、易于降解或者便于回收利用的方案。同时，企业还应当对产品进行合理包装，减少包装材料的过度使用和相关包装性废弃物的产生。

第三节　健全生态环境治理的全民行动体系

一、强化社会对生态环境治理的监督

生态环境治理是一个系统的过程，不仅需要政府的秉公执法，还需要社会的监督。一方面，生态环境主管部门应该聘请人大代表、政协委员、专家学者和非政府组织代表担任生态环境保护特约监察员，对生态环境保护主管部门的各种环境执法工作进行监察；当然，还可以聘请环保志愿者、环保社会组织代表担任环境保护监督员，监督企业履行环境保护职责和绿色生产行为。对公众反映强烈的生态环境问题，生态环境保护主管部门应积极调查处理并及时反馈信息，全力支持新闻媒体进行舆论监督。同时，要统一公布群众信访投诉举报渠道，保障群众的民主监督权力。省生态环境厅等相关部门，要畅通信访投诉举报渠道，及时向社会公布包括电话举报、邮件举报、微信举报、网络举报、信件举报等多种投诉渠道，及

时受理群众的信访投诉，确保群众投诉举报渠道畅通无阻，民意诉求得到回应。另一方面，要改进环境影响评价的公众参与机制。生态环境主管部门要严格落实环境影响评价公众参与的有关规章制度，及时公开基础设施、房地产开发等项目环评信息，适时召开权威专家论证会、公众听证会，广泛征求公众意见并接受社会监督。生态环境主管部门在受理重大建设项目或重大规划环境影响报告书后，要及时向利益相关的公众告知环境影响报告书受理的相关信息。在做出审批或者重新审核决定后，应将审批或审核结果进行公告。

二、规范公众绿色生活方式

推进湖北省域生态环境治理现代化，离不开公众的参与，需要积极规范公众生活方式。为引导公众转向绿色低碳的生活方式，湖北应该根据公众在不同场景的行为制定环境行为规范，用制度约束与引导公众参与生态环境保护。具体来说，在公民家庭环保规范方面，倡导选择低碳生活方式，使用低碳节能环保交通家具、电子产品，健康合理地消费，减少浪费；同时，引导家长教育和规范孩子的环保行为，培养生态小公民，积极配合社区垃圾分类回收，鼓励参与社区的义务环保行动等。在公共场所环境行为规范方面，应提倡绿色出行，优先乘坐公共交通工具，减少私家车使用频次，优先选择绿色低碳环保型酒店，积极维护旅游景区景点的环境卫生，关注动植物安全以及生态栖息地保护。在公众消费行为规范上，应杜绝过度消费和炫耀性消费的不良习惯和社会风气，培养崇尚简单、淳朴、自然、节俭的生活作风，积极促进生态文明价值观的养成。

第四节　夯实生态环境治理的监管体系

一、严格生态环境治理监管

首先，加快推进生态环境治理综合行政执法改革步伐；通过整合政府内部多部门污染防治和生态环境治理执法职责、队伍，统一实行生态环境保护综合执法。运用湖北省污染防治综合监管平台，合力解决各类突出生态环境污染问题，推动各县市跨区域、跨流域污染联防联控。全面推进环境执法公示、全过程记录、重大执法决定法制审核制度。根据实际情况，适时在部分城市探索移动执法，配齐配强执法装备，逐渐实现全省覆盖。同时，积极推行非现场监管制度，不断加强企业产权保护，严格落实生态环境行政败诉案件过错责任追究制度。

其次，积极构建"互联网+"网格化的监管体系；坚持部门联动、多网融合，打造"一张网"。运用生态环境网格化平台整合各县市环生态环保局智慧环保云平台、住建局建筑扬尘管理平台、行政执法局高空瞭望监管平台的部分内容，集成建设高空瞭望监控、在线监测、网格化监管、重点企业视频智能监控、危废库智慧监控、移动执法现场调查监控，形成综合性、多系统、统一登录的生态环境网格化监管平台，实行多网合一、一网运行。

再次，严格落实污染源日常监管清单制度。在原有企业的基础上，将新办理的排污许可证企业和重点企业纳入日常监管随机抽查数据库，系统开展日常污染源环境监管随机抽查工作，重点核查被抽查企业生产过程中污染防治设施运行、污染物排放、环评和"三同时"落实情况，加强对危险废物管理等环境管理制度执行情况进行不定期抽查。加大执法力度，对抽查的排污单位做到全面细致检查，对存在的环境违法行为依法严厉查处。

二、强化生态环境治理的司法保障

生态环境治理关乎广大人民群众生态权益与生态福祉，关乎湖北经济社会的稳定与可持续发展，是生态文明建设现实所需、民心所向，也是加快建设美丽湖北、实现湖北生态强省战略的必经途径。而环境司法作为治理生态环境、处理各类环境事件纠纷、解决当前社会矛盾的法律手段，在推进生态环境治理中发挥着重要的作用。因此，加强生态环境治理过程中的司法保障就显得很有必要了。

一是要完善生态环境公益诉讼制度。生态环境公益诉讼作为一项较新的法律制度，对保护生态环境、维护公民生态正义起到十分重要的作用。第一，要放宽生态环境公益诉讼主体资格范围。一方面，要完善当前各种社会环保组织与有关检察机关作为原告提起环境公益诉讼的制度构建，通过降低对环保公益组织参与环境公益诉讼的资格资质等门槛要求，明确检察机关提起环境公益诉讼的顺序、时间节点、权利义务；另一方面，要研究和探索将公民个体、社会团体、企事业单位纳入环境公益诉讼的主体范围，从而扩大生态环境问题直接监督主体和诉讼主体，这有利于调动社会主体参与生态环境治理和修复的积极性。第二，扩展生态环境公益诉讼的受案范围和统一受案标准。将现有生态环境公益的受案范围从土壤、大气、水生态环境扩展到湿地、湖泊、矿藏、森林、草原、珍贵动植物、自然保护区等环境要素。第三，建立健全生态环境公益诉讼案件诉讼费用收取规则与诉讼成本分摊制度。案件诉讼费不仅可以起到调控、引导、教育的外在功能，还能优化司法资源、引导环保价值取向，从而发挥正诉激励、滥诉预防的作用。

二是要健全生态环境司法多元协同、共建共治共享机制。生态环境保护和环境司法建设是一项系统复杂的工程，需要相关部门共谋合作，合力推行；湖北省可以从政府、司法机关、基层群众自治组织、企业、公民等多元主体着手，充分发挥各种生态环境治理主体的作用，推动构建党委领导、政府负责、社会协同、公众参与、司法保障的生态环境治理现代化的多元共治体系；在生态环境治理中，立法、行政、司法机关与企业、公众、环保公益组织等均有自己的使命和任务，各自都存在自身的功能优势和不足；作为生态环境治理有关法律实施和制度落实重要保障的司法机关，不仅要积极履行好自身环保职责，还要与其他治理主体做好沟通、协调与合作，共同组建生态环境治理同盟军，实现生态环境司法与行政执法的有效对接、良性互动、齐抓共管，形成生态环境治理合力，从而以最大限度发挥司法功能，最终实现生态环境治理共建共治共享格局。

三是要完善生态环境司法责任追究机制。要从司法上保障生态环境红线，以司法的"红线"保障生态环境发展的"绿线"，以严厉的司法惩戒制度作为生态环境治理的底线，实行最严格的生态环境保护的法律制度来保护环境，督促各治理主体严格依法行使权力、履行环保义务、积极协同推动生态环境治理。一方面，对造成生态环境的损害者，需要强化其环保法律责任与义务，严格落实污染者担责的环保法律原则，使其承担如停止侵害、排除妨碍（或危害）、消除危险和危害后果、恢复环境原状、赔偿损失等责任，且在符合法定条件时探索运用代履行、执行罚款、拘留、查封、扣押、冻结等措施依法督促其履行义务；另一方面，对基层生态环境行政机关和公职人员，要强化对其的监督和审查。大量事实表明，生态环境破坏案件往往与基层生态环境主管部门干部的不作为、乱作为息息相关，要通过行政诉讼、行政侵权赔偿诉讼、刑事诉讼、司法建议等监督手段对其进行审查或进一步提起诉讼，督促其尽责履职、整改落实。

第五节　健全生态环境治理的市场体系

一、规范生态环境治理市场秩序

良好的市场秩序是推进生态环境治理现代化的重要条件。因此，要加快推进"放管服"改革，打破地域、行业壁垒与障碍，平等对待各类规模的市场主体，积极引导各种资本参与生态环境治理。同时，要规范市场秩序，避免恶性竞争，加快形成公开透明、规范有序的生态环境治理的市场环境。一是加快清理有悖于形成统一市场的规定和做法。城市中的市政公用领域的各类环境治理设施和服务，在规划、采购、施工、运营等环节应做到公开竞争严格，不能以招商等名义回避竞争性采购要求。二是完善招投标管理。湖北应重点加强对生态环境领域基础设施项目招投标市场监管，严格落实环境基础设施 PPP 项目的强制信息公开制度。探索建立招投标阶段引入外部第三方咨询机制，精准识别生态环境领域公共服务项目中全生命周期中存在的各类风险，平衡各方风险承担方式与分担比例，推动风险承担程度与收益对等。三是建立多元付费机制。建立健全生态环境治理和生态保护项目绩效评价体系，强化生态环境治理项目全过程绩效管理。研究制定环境 PPP 项目按效付费办法，探索建立受益者付费、政府付费、政府和受益者混合付费多元付费机制。

二、支持环保产业发展

一方面，要积极引导劣势产业有序退出。一是通过横向并购引导劣势产业退出。湖北可以选择由于经营状况欠佳但依然拥有优势资产或者技术的企业，鼓励该行业较为领先的企业对其进行并购，整合企业各项资源，合并资产和债权性负债，清除原企业不良资产，从而形成并购双方经营协调效应。可以以电力、煤炭、钢铁、水泥、有色金属、焦炭、造纸、制革、印染等行业中的企业为重点，有计划地淘汰落后产能，特别是行业内长期、大面积亏损的企业，高能耗、高污染、低效益的生产线、工艺和产品，应予以坚决清算破产。对于受生产资料供给、生产场地、生态环境等因素制约，已经不适合在当地发展，但仍具有一定市场需求的企业，可以考虑总部经济形式，将部分生产线向其他具有地域优势的地区转移。

另一方面，实行产业准入负面清单制度。湖北率先在生态环境问题突出、生态系统脆弱的地区施行产业准入负面清单制，根据当地资源环境承载力情况来制定负面清单。制定过程中不仅要看当前生态环境问题的突出性，也要结合生态资源环境的禀赋条件。湖北各地市州要结合生态产品供给、水源涵养、水土保持、防风固沙和生物多样性维护等 5 种类型的生态服务功能，根据所属类型、重点生态功能区的发展方向和开发管制原则，在开展生态资源环境承载能力综合评价的基础上，进一步深化研究，组织权威专家进行论证，提出切实可行又有针对性的禁止和限制产业目录。

三、推进生态产品价值有效实现

一是培育多种新型生态产品经营主体。在保障农民长远利益的基础上，培育多种新型生态产品经营主体，促进专业化、合作化、规模化经营，提高生态产品经营效率。第一，积极发展家庭农场、林场。大力发展粮食经作型、果蔬园艺型、机农一体型等家庭农场，支持以农村耕地承包经营权、集体林权作价入股方式建立家庭股份制农场。第二，规范农民专业合作社发展。在支持传统合作社基础上，积极鼓励发展土地股份合作社、资金互助合作社等新型模式的合作社，努力打造一批竞争力强、发展潜质好的联合社，鼓励其开展社会化服务，将生产、销售、金融有机融合，确保农民成为合作社发展及政策支持的直接受益者。第三，积极培育生态产业龙头企业。引进和培育一批产业链条长、产品附加值高、市场竞争力强、品牌影响力大的龙头企业，支持企业开展技术改造，提升产品研发和精深加工技术水平。第四，有序引导工商资本投资生态产业建设。建立健全工商资本服务体系，引导投资主体与农户建立紧密型利益联结机制，构建新型经营合作体系。

二是积极发展绿色金融。一方面，创新绿色金融服务体系，盘活生态资源资产。加强与金融部门合作，创新金融产品服务模式，丰富绿色金融产品，加快培育合格承贷主体，大力倡导"信用社+农民专业合作社+社员+基金"等多种贷款模式。另一方面，规范形成省市县一体化的各类生态产品交易平台；搭建生态产品产权抵押贷款平台、仓储融资平台、在线融资平台。扩大森林、农田、渔业等保险品种，大力推进政策性综合保险。积极探索建立生态产品绿色银行，积极争取世界银行等国际金融组织的优惠贷款。

三是推进生态产业化，培育绿色发展新动能。首先，推动一二三产深度融合发展，构建多业态多功能的生态产业体系。立足不同地区的生态资源特点，以提高生态资源的保护和利用水平、优化生态产业结构为出发点，以基地建设为载体，整合优势资源，紧紧围绕主导产业和优势特色产业，加快发展生态产业。同时，顺应"互联网+"新趋势，大力发展新技术、新产业、新业态、新模式，通过创新驱动和产业转型升级，不断培育绿色发展新动能。其次，切实转变生态产品发展方式。深入实施创新驱动，大力培育行业龙头企业，加强新技术、新工艺、新方法的运用，加快新新产品研发，深挖精深加工潜力，积极研发植物化妆品、保健品、药品和日用化工品等生态资源衍生产品，优化产品结构，提高附加值。再次，积极探索和发展林下经济、循环农业等高效生产模式。促进生态产业的集约经营，提高产出率、资源利用率和劳动生产率，提高综合经营效益，促进农民持续、普遍、较快地增收致富。

四是提高生态产品附加值。一方面，加强生态产品品牌建设，加强品牌整合力度。推进生态产品品牌标准化建设，形成规模优势，统一标准、统一要求、统一宣传，加大品牌推广力度，扩大品牌知名度和影响力。另一方面，抓好生态产品基地认定工作。实施标准化生产推广项目，探索生态食品认证。推动生态产品生产上规模、质量上档次、管理上水平，提升区域品牌市场竞争力和社会美誉度。此外，加强品牌安全监管。坚持生态产品源头治理与综合施策相统一的原则，着力构建产品质量追溯制度、企业诚信生产机制、产品质量监管体系的"三位一体"安全监管模式。倒逼生产经营方式转变，推动产业可持续发展。

第六节 健全生态环境治理的法规政策标准体系

一、加快生态环境保护立法

湖北人大及其各地市州人大作为地方法规条例的制定者，应该确实履职尽责，在生态环境治理方面出台与实施有关生态环境保护的法律法规。

在污染防治方面，加快制定湖北土壤污染防治条例，明确农用地土壤污染防治的原则，探索建立长效防治基本制度；针对农用地和建设用地，区分其土壤污染管控和修复方法；要强化土壤污染者法律责任追究，为湖北扎实推进净土保卫战提供法治保障。同时，加快修改固体废物污染环境防治条例，全面推行生活垃圾分类制度，加大对过度包装、塑料污染的治理力度，从严对污染主体设定法律责任，为打好污染防治攻坚战提供法治保障。

在生态环境保护方面，加快完成湿地保护、国家公园、野生动物保护、长江保护、林业有害生物防治检疫、南水北调工程保护、固体废物污染环境防治、水库管理、餐厨废弃物管理等与环境保护方面法律的制订修改。一方面，湖北应以系统规划、最严立法为生态环境"划红线"，探索建立绿色 GDP 政绩考核体系，创新投融资模式和生态产品价值实现机制，既以法治的刚性力量保护好主要河流湖泊，又要以市场化机制加快促进"绿水青山"向"金山银山"转化。另一方面，完成或修改有关矿产资源、湖泊、耕地、草原、渔业、大气等生态环境资源的立法修订，提高资源利用效益，保护生态环境，促进经济和社会可持续发展。

二、加大财税与金融政策对生态环境治理的支持力度

一方面，持续加大财政资金与税收对生态环境治理的支持力度。加快制订生态环境领域省与地市州财政事权和支出责任划分改革方案，建立稳定的省与地市州生态环境治理财政资金稳定投入机制，财政资金重点用于推进产业结构调整、能源结构优化、环保设施购置等方面。健全与污染物排放总量挂钩的财政政策，探索建立多方财政支持的生态保护补偿机制。同时，严格执行环境保护税法，促进企业清洁生产，减少各类污染物排放。

另一方面，完善金融政策对生态环境治理的支持。以加快建立省级土壤污染防治基金为突破口，做大湖北环保类基金规模。鼓励商业银行积极探索开发绿色金融产品，加大对环保企业信贷支持，加强对企业在节能减排、污染治理技术创新等方面的信贷支持。积极支持各地市州在省下达的本行政区政府专项债务额度内申请发行环境保护专项债券，将筹集的资金用于符合条件的环境基础设施项目建设。同时，大力发展绿色金融，依托全国碳交易登记中心的优势，积极实施碳金融，探索实施绿色债券贴息、绿色产业企业发行上市奖励、绿色担保奖补、环境污染责任保险保费补贴等政策。

第七节　提升生态环境治理的能力支撑体系

生态环境治理能力，是指综合运用经济、法律、制度等手段，促进发展绿色化和生态文明建设的能力。湖北生态环境治理能力不仅体现在政府的生态建设、开发和管理能力上，而且还体现在企业、社会组织和公众的素质和参与环境保护能力上。生态环境治理能力现代化是生态现代化的重要体现。把生态环境治理能力纳入生态环境保护体系，符合生态文明发展规律。推进生态环境治理能力现代化是生态文明战略所需、现实所迫、大势所趋。一方面，推进湖北省域生态环境治理能力现代化是破解当前生态危机的现实选择。改革开放以来，湖北经济快速发展，成就举世瞩目。但为此付出巨大的资源环境代价，资源约束日益趋紧、环境污染严重、生态承载力弱化等已经成为制约湖北经济社会可持续发展的重要瓶颈。如何实现人与自然和谐共生以及经济发展与生态保护协调发展，已经成为湖北迫切需要解决的现实问题。另一方面，推进湖北省域生态环境治理能力现代化是顺应新时代发展的大势所趋。原始文明、农耕文明、工业文明、生态文明是人类社会发展不同时期的文明形态。在当今的生态文明形态，循环经济、绿色经济、生态经济是经济社会的主要发展方向，人民群众不再满足于获得物质、精神的需要，而更加向往与自然和谐相处。推进生态治理能力现代化是顺应人类社会发展规律、尊崇党的执政规律、回应公众诉求的大势所趋。

生态环境治理能力现代化已经构成国家治理能力现代化的重要组成部分。对此，在推进生态环境治理过程中，一方面要遵循生态治理规律，推进生态环境治理能力现代化；这是基于人类认识的有限性、生态系统的关联性和人类利益的共同性。长期以来，人类认识自然规律的有限性，突出表现为"征服自然""人定胜天"。所以尽管少数国家、局部地区转变观念，着力治理恶化的生态环境，但因为一部分人的破坏致使其他人的所有努力都要付诸东流，从而出现生态环境治理中常见的"吉登斯悖论"。人、自然、社会构成全球性生态系统。在这一系统中，人类的生存和发展离不开自然，又影响着自然、改变着社会。因而，人类需要尊重自然、顺应自然、保护自然，人类社会系统与自然系统需要相互适应、共同进化。人类只有一个地球。随着经济全球化的深入推进和人类联系的日益密切，一个地方的环境波动会造成大范围的生态环境影响。因此，生态环境治理需要人类共同行动。另一方面，增强生态治理主体性，推进生态环境治理能力现代化。生态环境治理主体包括政府、企业、社会组织以及公众等。生态环境治理中心从政府扩展到全社会乃至每个人，这是治理能力现代化的一个重要阶段。充分发挥各种治理主体的比较优势和协同作用，是提升生态环境治理能力的重要途径。

一、提升生态环境治理的基础设施支撑能力

提升生态环境治理的基础设施建设是新时代生态文明建设的需要。某种程度上讲，生态环境治理的基础设施建设水平的高低是实施生态环境治理现代化是否取得成效的一个重要标志。因此，推进生态环境治理，必须抓重点、补短板、强弱项，统筹城乡基础设施建设，着力推动基础设施提档升级，从而为经济社会与生态保护共生发展提供保障。具体而言，需要在水环境治理、城乡生活垃圾处理、生态涵养、生态环境监测网络等方面提升基础设施水平。

（一）提升水环境治理设施

一是提升城镇生活污水处理设施及污泥处置设施能力，加快推进污水直排口截污、老旧管网改造步伐，科学分步实施雨污分流。摸清城市黑臭水主要来源，结合城市黑臭水体整治工作，加快推进县城与乡镇污水处理厂的扩建及提标改造。加快城镇污泥处理处置设施建设，探索将污泥处理资源化利用模式。根据城区人口规模，分类推进城镇污水处理厂提质提标改造，大力新建与扩建一批污水收集管网。二是加强乡镇污水处理设施建设，先行推进小城镇、中心镇等乡镇污水处理设施建设，然后逐步扩大到

一般乡镇,努力实现所有乡镇建成污水处理厂。按照"厂网同步"建设原则,全力补齐乡镇污水处理设施,弥补配套管网建设短板,提高污水收集率与处理率,切实发挥污水处理设施的生态环境治理作用。三是加强农村生活污水处理设施建设,根据农村不同区位条件、农民聚集程度以及污水产生规模,因地制宜采用污水治理与污水资源利用相结合、工程措施与生态措施相结合、集中与分散相结合的建设模式和处理方式。积极推广低成本、低能耗、易维护、高效率的乡村污水处理技术和设施,鼓励农户采用生态技术处理污水工艺。

(二)提升城乡生活垃圾处理设施

一方面,强化城镇生活垃圾处理设施建设,加快城镇生活垃圾分类处理的步伐,补齐生活垃圾收集能力、处理能力不足的短板,推进生活垃圾焚烧与填埋相结合。加大现有生活垃圾处理设施的改进与维护,确保设备全部正常达标稳定运行。另一方面,加强农村生活垃圾处理设施建设,全面推进非正规垃圾堆放点整治工作,及时关闭非正规垃圾堆放点,分阶段清运和处理陈旧垃圾,加大力度消除垃圾山、垃圾沟和工业污染"上山下乡"等现象。加大对农村生活垃圾处理的财政支持力度,采购一批垃圾运输车、垃圾桶,建设标准化垃圾中转站。按照"县有场、乡有站、村有点、屯有箱、户有桶"的目标和"缺什么补什么"的要求,建设村级生活垃圾收集转运处理设施项目,巩固完善"村收镇运县处理""村收镇运片区处理""村屯就近就地处理"的城乡生活垃圾一体化处理体系,确保农村生活垃圾治理有成效。

(三)提升生态涵养设施

一方面,加大力度推进湿地保护修复的基础设施设备建设。逐步建立起涵盖自然湿地保护、湿地生态功能补偿机制、湿地开发生态红线、湿地生态承载力评价和物种动态监测预警等的相关重要制度,加大对功能弱化湿地保护修复力度,维护湿地生态系统稳定。另一方面,加快自然保护区环境保护基础设施建设。以加强自然保护区建设为抓手，在省级以上森林自然保护区实施基础设施提档升级，提升林业管护站点、巡护道路、标识标牌、防火设施、监测设备等方面的保障能力。

（四）提升生态环境监测网络设施

通过整合优化设备功能、改建新建环保设施等方式，加强对大气、地下水、土壤重金属含量、湖泊物种等生态系统的生态状况的环境监测能力。增加酸雨自动采样仪、湖泊与河流在线监测仪、大气监测立体走航观测车等各类监测设备数量，改进地表水中小型水站、地下水水质监测站、近湖近河岸自动监测站以及相应地面观测站等各类监测站点设备条件，积极推进土壤样品库的总平配套工程建设。

二、提升防范和化解生态环境风险能力

随着湖北经济社会的发展，经济发展与生态保护的矛盾存在激化的态势。在发展经济过程中，人们对资源过度开发，可能引发生态环境风险，从而导致生态承载力下降，进而危及生态系统功能弱化与结构失调，最终影响人们的生存。因此，在推进生态环境治理现代化过程中，需要提升化解生态环境风险的能力，进而维护生态安全。

（一）加快建立生态环境风险监测预警体系

建立全省性生态环境风险监测预警体系迫在眉睫。首先是要对重点生态功能区、生态系统弱化区开展常态化生态环境风险调查，通过运用大数据等信息技术，建立生态环境风险识别平台，加强对生态环境资源承载能力、环境风险、生态系统稳定性等方面的监测预警，构建一套天地一体化协同监测的生态环境风险预警网络系统，实现监测预报与风险预警的规范化。其次，创新生态环境风险防控技术，提高科学防范生态环境风险的应急能力和水平。再次，地方政府应该积极扶持和发展环保产业，加大对监测预警体系建设的投入力度，增加对各类监测设施设备、改进监测技术、

培养监测人才的财政资金支持力度；严格落实大气污染情况实时监控和预报机制，切实提高地方政府对重污染天气的防控能力。

（二）构建快速反应的生态风险应急响应机制

许多生态环境风险的发生往往是不可预测的，造成的损失是巨大的；对此，在应对各类生态环境风险时，就需要建立相应的应急响应机制。一方面，要明确生态环境风险事件的风险等级、应急程序、应急措施、职责分工以及对应的应急预案。通过开展定期的应急演练，检测预警预报体系对突发环境污染事件的及时感知和把控能力；另一方面，要及时、准确地公开突发生态风险事件处理情况和政府意见，维护社会稳定；加强应急部门协作和信息交流，实现科学决策和理性处理各类环境污染事件，及时公示事件最新进展；做好生态环境污染检测与监控工作，及时将事故后果向群众披露；同时，要明确事故责任方，严惩肇事者，及时总结经验与教训。

三、提升清洁能源保障能力

清洁能源是湖北能源优先发展的领域，大力发展清洁能源有利于优化能源消费结构，降低能源碳排放量，减少对生态环境污染，进而有利于推进生态治理现代化的实现。对此，湖北需要通过完善清洁能源发展的政策支持体系，推进关键技术创新，实现清洁能源产业健康发展。

（一）加快培育清洁能源应用市场

通过完善企业主体参与清洁能源发展的市场交易机制，稳步推进电力行业现货市场建设，引导电力企业向清洁能源发展转型，逐步完善电力行业辅助服务市场交易机制。研究制定配套政策，鼓励各类清洁能源企业进行技术创新与改造，提高清洁能源企业参与各项辅助服务市场的积极性。通过搭建湖北共享清洁能源平台，持续扩大清洁能源市场交易规模，最大程度提高清洁能源利用效率。研究制定光伏发电项目土地利用核定办法及审批程序，尽快出台具体的操作细则，规定分布式电站电价及电价补贴流程。加快研究制定新能源汽车准入监管制度与具体办法，进一步明确相应基础设施建设要求，防止部分企业垄断。落实新建商品房的停车位必须配备一定比例充电电源的要求，鼓励企业在公共场所建设不同类型的充电桩，设置专用新能源汽车停车位，启动老社区建设充电设施计划。大力推进公交、环卫、政府公务用车率先实现电动化。

（二）稳步提高电网清洁能源消纳和输送能力

加快电网输送通道建设步伐，推进智能电网建设与传统电网融合，提升电网协调统一调度和规范化管理水平，更好地消纳间歇性电源，打通湖北清洁能源外送通道；搭建湖北与周边省份清洁能源的联动机制，将湖北清洁能源外送纳入湖北省清洁能源发展规划和电力发展规划，推动外送通道的顺利建成。在充分考虑用电居民、供电企业与地方政府诉求的基础上，加快制定智能电网行业标准与国家标准，充分预留所选技术路线足够的升级空间，为未来电网升级改造提供方便。

（三）加强清洁能源技术创新

加强清洁能源并网运行管理及技术监督。完善清洁能源并网接入发电运行管理，提高清洁能源机组涉网性能要求，防范清洁能源机组脱网情况下可能引发的连锁故障。电力科研机构应做好技术储备，加强技术监督规范，推动清洁能源健康发展。同时，加大新能源企业研发使用储能设备和技术力度。通过引导新能源企业进行技术创新与改造，不断提升清洁能源技术的转化率，激发第三方参与新能源技术研发的积极性，构建生产商和运营商产学研的技术研发合作机制。

四、提升生态环境监测监控能力

湖北目前的生态环境监测监控能力尚不能有效支撑生态环境治理现代化的建设，推动生态环境监测体系改革势在必行。提升湖北生态环境监测能力，使之能够提供准确、全面、及时的环境监测信息，是实现科学治理生态环境的前提，是提高生态环境有效监管的重要保障。

（一）加强生态环境治理监测的技术创新和资金保障

加强对生态环境领域高新科技产品与先进技术的研发与推广，通过运用高分卫星与无人机监测、移动采集系统、大气自动测试与数据传输设备，提升对生态环境质量的监控能力。研究制定政策，加大对径流泥沙自动观测、野生动物信息自动采集和污染排放速定量测评等新产品研发，构建智能化环境监测系统。建立健全生态环境质量监测信息系统，搭建以监测数据为主要依据的湖北生态环境保护数据信息平台；通过开展环境大数据关联性分析，为政府生态环境保护宏观决策、管理以及监督执法提供数据支撑。各级生态环境主管部门要加大对生态环境治理监测工作经费支持力度。按照《湖北生态环境保护条例》的要求以及生态环境监测事权划分原则，将各地生态环境治理监测经费纳入各级政府财政预算，建立与生态环境保护监测发展相匹配的经费保障机制。

（二）建立跨部门的生态环境监测综合体系

一是要建立湖北生态环境治理共享中心。湖北需加快制定生态环境治理数据共享原则与办法，清晰共享数据的范围，设定数据共享时限，规范数据共享的技术路径，为全省开展实质性生态环境治理共享数据提供基本准则，切实推动数据共享进程。基于"互联网+"共享思路，将各级生态环境主管部门共享和开放的数据加载到对应的数据服务平台上，打通全省数据共享的鸿沟障碍，实现全省空间数据对位一致。二是开展数据标准研究。当前，湖北应加快各类生态环境数据标准指标制定，组织开展跨部门多主体参与的调查研究，在试验试点基础上，因地制宜地提出生态环境治理数据的标准。三是积极建设生态环境野外综合台站。各个环保部门野外台站观测的很多指标都相同，应该统一设置相应的野外综合站台，由湖北省环境部门统一管理，集中设施设备、技术、人才、经费，提高资源的利用效率。

（三）优化生态环境监测管理机制

随着生态技术的应用以及生态环境主管机关监测职责与机构的调整，环境监测管理机制也相应需要优化。一是优化生态环境干部管理机制。原有的县级生态环境主管部门人员经费以及相应的工作经费的承担主体，由县级政府调整为市级政府；原有的市级生态环境主管部门的人员经费以及相应的工作经费的承担主体，由市级政府调整为省级政府。市级生态环境主管部门的领导班子成员，改为由省生态环境厅任免。二是优化各级生态环境主管部门监测任务下达机制。在县级层面，县级政府应不再单独设置生态环境保护局，通过"行政—命令"方式给当地生态环境保护分局下达监测任务的机制将有所减弱，改为通过购买服务的模式获得生态环境监测服务。在市级层面，市生态环境保护局加强对县级生态环境监测站任务下达与执行的监督。湖北省生态环境监测任务下达机制如图4-1所示。三是构建垂直的生态环境治理数据监测机制。一方面，国家生态环境质量监测网的自动监测数据，由各省垂直上报到中国环境监测总站汇总；另一方面，全省环境质量监测数据，直接由各地市州上报省级环境监测机构，从而也实现了垂直上报。

五、提升生态环境治理的技术研发能力

（一）整合环保科研机构与平台

优化整合省、市（州）科学研究所、环境工程评估中心等生态环境专业技术资源，在部分市（州）试点建设生态环境研究中心，加快中国环境科学研究院武汉创新研究院、长江中游地区生态环境联合研究中心的建设，推动地方高校转化科技成果以解决环境问题、支撑发展决策。启动"生态环境部卫星环境应用中心湖北遥感应用基地""中部生态保护红线研究"部级重点实验室标准化建设，推进"多介质生态环境保护与污染控

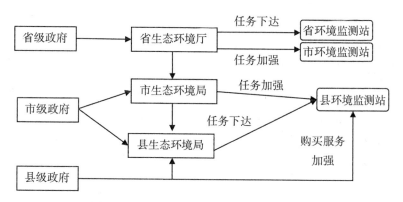

图 4-1 湖北省生态环境监测任务下达机制

制""环境保护核与辐射安全""持久性有机污染物监控分析""环境政策规划模拟"省级重点实验室标准化建设,推动"湖北省司法鉴定快速检测实验室和水生生物毒性实验室"等建设,提升省级基础科技支撑能力和研究成果辐射能力。同时,加快市场环保机构与科研院所及政府的合作,探索共同组建科研平台或者环保企业,保障利益相关方合法权益。

(二) 推动生态技术研发与创新

首先,构建支撑生态环境治理体系与治理能力现代化的生态技术创新格局。通过引领聚集各科研单位的科研力量和技术资源,加快投入生态环境防治攻坚战与生态环境保护,更好地发挥科学技术对生态环境的助力。针对生态环境保护需要和生态环境管理的科技需求,明确重大技术创新方向,科学布局科研力量与科研人员,完善生态技术创新支撑体系,促进更多环保科技成果贡献于生态环境治理体系与治理能力现代化。

其次,构建高水平生态技术创新平台。湖北应以现有的国家级、省级科技创新平台为基础,研究明确生态技术创新方向及创新目标,积极在区域大气污染防治、水质改善、土壤和地下水保护修复、工业废物资源化利用、生物多样性与物种保护、环境健康及生态安全防控等生态环境领域,全力支持创建若干国家与省级重点实验室。加大对国家环境保护重点实验室、生态工程技术研究中心与环境观测研究站等国家级平台稳定运行的财政税收支持，促进生态环境领域优势学科走在世界前列。

再次，推进生态技术产学研协同创新模式。加大对省属环境科研单位保护支持力度，联合全省科研院所、高校、大型环保企业等优势科研机构与组织，探索联合建立科学研究院或联合研究中心。鼓励各类科研平台结合重点生态功能区、主要流域、湖泊环境治理和生态环境保护需求，探索建立若干多学科交叉的产学研相结合、权责清晰、组织高效的跨区域创新平台或研发基地。鼓励围绕生态环境保护重大生态技术研发、核心装备研制、关键工程示范和产业发展，与科研院所、企业合作建立生态技术研发与创新联盟，形成协同创新和融合发展新模式。

六、提升服务高质量发展能力

（一）理清生态保护与经济发展的关系

生态保护和经济发展并不是相互对立的，而是辩证统一的关系。生态环境保护的效果如何，直接与经济增长、产业结构、技术进步密切相关。转变经济发展方式，实现绿色发展是建设现代化经济体系的内在要求；对此，就不能将生态环境保护和经济社会发展割裂开来，更不能将两者对立起来，要坚持在经济发展过程中保护生态环境，在生态环境保护中促进经济发展。这就需要加大力度建设生态文明，正确处理好绿水青山和金山银山的关系，通过积极构建绿色产业体系和经济发展空间格局，引导形成以低碳绿色为导向的生产方式和生活方式，从而最终推动经济高质量发展。

（二）转变经济发展方式，打造环境友好型经济

长期以来，湖北依靠高资源、强资本与密集劳动力等生产要素投入方式，实现了全省经济快速发展和规模持续扩张，但这种粗放型经济发展形态已经带来生态环境破坏，引发了一系列生态危机。如今，粗放型经济发

展方式已经不能持续，需要向高质量发展的模式转型。要实现高质量发展阶段下的经济发展方式，就必须考虑资源消耗与生态环境成本，要求在经济发展过程中高效利用资源，减少碳的排放量，增强经济发展的绿色化水平，从而实现经济发展与生态保护和谐共生。

（三）构建高质量发展的产业体系

高质量发展的核心是构建高质量发展的产业体系。由于湖北还处于工业化中后期阶段，高质量的产业化道路仍然任重道远。湖北需要从产业智能化、绿色化、高端化方式转型，积极推进战略性新兴产业特别是高新技术产业的升级进步与现代服务业的内部调整，最终实现整个产业体系从粗放增长型向质量效率集约型增长模式转化。同时，要加快制造业强省建设，落实好"十四五"规划中关于产业发展的各项举措，促进先进高端制造业快速发展，实现湖北产业迈向全球价值链的中高端。尤其是要实现互联网、物联网、大数据、人工智能与实体经济的深度融合。积极推进数字产业的发展，强化数字经济对产业发展的带动和贡献作用。当前，湖北应以降碳增效为导向，积极服务高质量发展。坚持贯彻落实绿色发展理念，加强跨部门之间协作，实行重点产业领域协同，推进减污降碳协同治理。

第五章　湖北省域生态环境治理
体系现代化的机理分析

第一节　湖北省域生态环境治理
体系现代化的理念引领

一、生态环境公共福祉理念共识的凝聚

生态环境治理的根本目的是促进公共生态福祉的提升。公共生态福祉是整个社会体系与公民个体共同努力创造和维护的和谐、健康、繁盛的自然生态氛围，代表了全体成员共享的环境幸福，具有最普遍的意义。将公共福祉内设为生态环境治理的价值取向，就是要通过政府为主导的社会组织和公民个体多元参与的自愿协同配合下，追求公共环境利益最大化的治理绩效。

生态环境多元治理始于对公共价值的把握。为实现公共环境事务的良好治理增进公共生态福祉，需要社会整体对价值问题形成最基本的认知，在进行必要的价值权衡和价值选择之后，形成价值的共识进而产生合力，以此作为生态环境治理行动的动力和前提条件。之所以首先确定生态环境治理的价值导向，是因为价值的选择会直接影响到政府、社会组织和公民这些治理主体在环境整治过程中对合作的认识，也同样会影响他们的行为动机和配合策略。在这样的价值共识基础之上，多元的环境治理才能谋求

对生态共有利益的最大兼容，避免将环境的管制沦为个别主体攫取环境利益的工具，力图以普适性和共享主义为起点，将公平正义设定为基本原则，以此促进公众共享的公共善为价值指向，并将其作为协调不同治理主体间利益关系的指导法则。

在人类伦理价值观的变迁中，传统的以人的利益或人类利益为出发点和终极目的的"人类中心主义"价值观正逐渐被人与生态环境的和谐统一的价值观所取代，新的价值观将人与人之间的伦理关系延伸到人与生态环境之间的关系中，拓展了生态伦理价值关怀的范围。在这种生态伦理观的视域下，从人类现实的实践格局对生态环境危机进行审视，由于人类不合理的实践活动超出生态环境的自我恢复能力，把人类生产和生活中的污染物无限度地向自然环境倾泻，并且无限制地向自然掠夺资源又不注意自然资源的保护，使得自然环境和生态系统出现了结构和功能的紊乱，自然资源在人类的活动面前出现了枯竭，环境的有序状态被打破，最终影响到人类本身的可持续发展。但如果将生态环境危机从社会发展的逻辑解构，就会发现生态环境问题伴随着工业社会的生产生活方式而来，这种生产生活方式在创造丰富物质生活的资料的同时也引起了前所未有的生态破坏和环境污染。正是"由于工业现实观基于征服自然的原则，由于它的人口的增长，它的残忍无情的技术，和它为了发展而持续不断的需求，彻底地破坏了周围环境，超过了早先任何年代的浩劫"①。可以说，人类通过这种工业社会的生产方式来获得改造自然和控制自然的实践能力是生态危机产生和发展的生产力基础，而工业社会区别于以往社会的组织结构和运行机制则是生态危机产生的结构性动因。人们无法阻止或没有理由阻止社会生产力的发展前行，但可以做的是对社会运行结构的调整和变革，尤其在意识理念形态领域，通过对这种和谐共融的人与自然间共处理念的达成，各方主体将这种共融共生的价值理念嵌入社会行为规范准则中，并在这种价值理

----

① 阿尔温·托夫勒：《第三次浪潮》，中信出版社 2006 年版，第 67 页。

念的感召下竭尽各自所能参与这场变革，将理念共识凝结成规则共识直至行为共识。

二、绿色发展理念的牵引

绿色发展理念不仅仅是一个理念问题，更重要的是一个实践问题。辩证认识和处理好经济发展与生态环境保护的关系，是在实践中需要把握的重大问题。提出绿色发展是为了应对近年来我国发展所面临的资源约束趋紧、环境污染严重、生态系统退化严峻的生态形势，是在问题导向下对发展理念的创新。推进绿色发展，有利于更好应对资源环境约束挑战，推进生态文明建设。

一方面，绿色发展理念创新了生态环境治理机制。绿色发展理念在多个方面创新了生态环境治理的体制机制，这些制度创新将有助于进一步促使湖北完善生态治理体系、改进生态治理方式、提升生态治理水平。生态环境治理，看似是资源环境问题，其背后实质也是经济问题，既应该发挥政府的作用，也要借助市场的力量，发挥市场这只"看不见的手"在资源配置和聚集生态治理资本上的优势，驱动绿色产业、发展绿色经济。绿色发展理念提出要有序开放开采权，改革能源使用机制，形成有效竞争的市场机制，建立健全资源使用权及排污权、碳排放权初始分配制度，培育和发展交易市场，构建投融资机制，发展绿色金融，设立绿色发展基金，这些都将有助于构建和完善生态治理的市场机制，拓宽生态问题解决及生态事业发展的渠道，有效补充政府主导机制的短板和不足。

另一方面，绿色发展理念创新了生态环境治理考核评价机制。绿色发展理念提出要对领导干部实行自然资源资产离任审计，从现实来看，将有助于揭示和反映领导干部任职期内自然资源资产是否有序开发、节约集约利用，是否存在严重损失浪费、重大生态破坏的污染环境等问题；领导干部在自然资源资产开发利用、生态治理资金筹集及使用、重大建设项目实施过程中是否存在违规违纪问题。从长远来看，将促使领导干部在任期间树立正确的政绩观，既要金山银山、又要绿水青山，严守生态红线，坚持在发展中保护、在保护中发展；推动领导干部守法、守纪、守规、尽责，切实履行自然资源资产管理和生态环境保护责任，促进自然资源资产节约集约利用和生态环境安全，更加积极推动生态文明建设。

三、协同治理理念的达成

生态环境自身在空间上的关联性、流动性和不可分割性，以及环境污染在时间上的连续性，决定了生态环境协同治理的系统性。近年来，湖北逐渐认识到单一的生态环境治理模式无法保障治理责任的有效承担，为了有效解决生态环境污染的负外部性，需要相关地市州协同完成。受限于不同层级政府对区域污染信息掌握的有限程度、地方监管机构对企业污染行为调控的即时性和有效性等，环境污染治理模式有待创新。

传统的生态环境治理是以行政区域为单位，并通过绩效考核、组织建设、命令强制等维度实现区域环境治理能力的提升，最终达到生态环境的改善。对于二氧化硫、颗粒物等污染物排放来说，生态环境协同治理除了要求完成区域内的目标考核任务以外，还要求对相邻地区的生态环境协同治理负责，高质量完成流域内生态环境保护的艰巨任务。尤其要重点关注生态环境要素污染的流动性，避免污染的溢出效应使得生态环境的区域协同治理模式受到限制。可以说，强化多污染物区域协同治理是顺应新发展阶段生态环境治理的关键一环。

近年来，多污染物区域协同治理的参与机制达成共识。相关主体参与区域生态环境治理意识的强弱和能力的高低直接关系到生态环境区域治理行为的水平，并影响生态环境区域治理的科学性和可持续性。协同治理理念强调要完善生态环境区域治理参与的责任机制，树立社会责任意识，实现政府、企业和普通公众的共通参与，推进区域生态环境治理的民主化进程。与此同时，还要完善生态环境治理的评价机制，在制定法规、规章及政策等规范性文件过程中广泛征求意见，借助专家学者力量，对污染物和温室气体排放情况作出合理评价。

第二节　湖北省域生态环境治理体系现代化的主体构成

　　湖北生态环境治理主体由政府、企业、公众共同组成。它们在生态环境治理中，各自行使着不同职能，相互补充。这种多元管理模式仍然以政府为主导，并不是取代政府在生态环境治理中的地位和作用。在生态环境治理中，生态环境治理需要一个这样的"协同治理组织"，尽管治理主体所代表的组织形式多样，但最终起到的作用目标一致，即政府宏观调控指导，市场配置资源，公众共同参与维护生态环境安全和可持续发展，如图5-1所示。

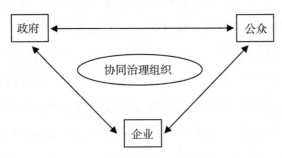

图5-1　"政府—企业—公众"网络结构图

　　协同治理理论是要形成企业、政府和公众三足鼎立，社会组织多方参与的局面。各个利益主体遵循不同的行动逻辑，政府主要通过等级控制、垄断性权威和强制性权力来提供公共物品和公共服务，企业通过自由竞争机制、价格机制和利润来配置社会资源，公众则通过道德、志愿、慈善、发言权和集体行动来参与公共环境治理，协同治理组织则通过举报、监督、倡议等参与环境污染治理。在社会的价值体系中，企业构成经济资本，政府构成制度资本，公众构成社会资本。治理的主旨就是在这"三足"的多元互动之中寻求政府与企业和公众之间的动态平衡。在生态环境污染协同治理的责任结构中，政府在现阶段仍旧处于主导地位，因此，必须合理定位，转变职能，培育和扶持一个独立自主的企业和公众组织。

首先，政府起着主导作用。无论是生态环境资源的保护与管理，还是生态环境污染的治理，政府仍然是保护与治理的主导力量。好的政策必须置身于国家经济和社会发展的框架下进行，特别是要考虑可持续发展、公平和财产调节、创造就业减少人口压力等问题。生态环境资源丰富的地区或者是生态资源贫乏的地区，其政策都会受到国家宏观经济和部门间的政策影响。许多地区都在调整政策及措施，以刺激各方利益主体能更好地利用生态资源为经济和社会服务。

其次，企业和公众相互制约、相互监督。在发展中国家，企业和公众处于被支配的附属地位，在治理生态环境污染活动中，这种不均衡的状态经常会遇到。政府失灵、市场失灵和公众自身利益最大化，势必会造成治理生态环境污染中的局限性和有限理性。各方利益主体如果不能实现地位平等、权力均衡，就需要创新治理模式，实行协同治理。

最后，协同治理组织协调各个主体。在整个模式的构建中，协同治理组织始终把监督公众与企业的排污情况和对污染的治理情况作为首要责任，并且把公众对生态环境的美好愿景向政府或者有关环保部门反映。在整个多中心治理模式下协调着政府与企业、公众在治理生态环境污染中的关系。协同治理组织向政府举报市场的"不规范"运作，按照治理标准对照公众在治理中的行为及成果并提出建议，向政府反映公众对生态环境的诉求，充分协调协同治理的各个利益主体，以改善生态环境质量。

一、湖北省域生态环境治理体系现代化的主体角色与责任界定

（一）政府在生态环境治理中的角色和责任

1. 政府在生态环境治理中的角色

（1）执行者

各地方政府需对本地生态环境质量负责，实行严格的环保绩效考核、环境执法责任制和责任追究制；各地方政府在中央政府的领导下，应按照

本地发展战略要求，积极推动有机食品、绿色食品和无公害食品的生产，推进本地区循环经济的发展；实施排放总量控制、排放许可和环境影响评价制度等；加强地区合作，建立跨省界河流断面水质考核制度；健全环境监管机制，提高监管能力，加大环保执法力度；实行清洁生产考核、环境标示和环境认证制度，严格执行强制淘汰和限期治理制度；实行环境质量公告和企业环保信息公开制度，鼓励社会公众参与环保工作并监督环保工作的开展。

（2）投入者

通过环保产业或相关项目控制环境污染的形成。地方政府可以出台有关环保经济政策，促进民间资本向环保领域流动，遵循市场规律、发挥经济杠杆作用。

运用政府权威和组织能力动员全社会治理污染，保护生态环境。各地方政府治理环境污染需要组织各类资源的投入，包括组织资源、政策资源、物质资源等，各级地方政府是生态环境保护的投入主体。组织一定生态区域和居民社区的环境活动，提倡成立环境社团等。由于各地方政府财政实力强弱差距较大，还应该努力建立社会化、多元化环保投融资机制。因此，除了要求各级政府要将环保投入作为本级财政支出的重点并逐年增加、大力发展环保产业之外，还应运用经济手段加快污染治理市场化进程。

（3）协调者

生态环境污染的治理是一项系统的社会工程，既需要不同地区地方政府之间的合作，也需要政府各职能部门之间的协同工作、密切配合。地方政府协调合作、联动治理生态环境污染的行为需要来自外部的推动力量。协调包含两个方面的含义，一方面是地方政府在治理生态环境污染中的合作，需要协调本地区各种力量。要求地方政府制定本地区生态环境污染治理的长期规划。另一方面是来自中央政府的安排、命令、鼓励等措施，需要协调不同地方政府间的合作。为避免在生态环境污染治理中的冲突、内耗，减少生态环境污染治理过程中的管理摩擦阻力，政府应发挥协调作用。

2. 政府在生态环境治理中的责任

政府是生态环境治理制度的设计者。生态系统如何管理,资源如何开发、利用和保护都由政府制定规则。国家通过制定法律法规制度,确认资源产权、交易规则等,设立政府机构制定管理资源权利和职责。政府参与生态环境污染治理的决策和实施受当前社会经济体制影响,其治理绩效也有所不同。生态环境污染治理也有赖于地方政府的参与,地方政府在实践中具有政策的制定者和实施者双重身份。

(1) 加快构建有利于转变发展方式的绩效考评体系

必须树立更加科学的政绩观和建立更加完善的考评指标体系,克服以往单纯的以地区生产总值为核心的政绩考评体系,从根本上防止地方政府的机会主义行为。湖北是一个资源相对贫乏的省份,提倡和推广发展循环经济,既可以节约资源,提高资源利用率,又可以减少污染排放,减少环境污染的发生。当前,湖北主要有七种循环经济发展模式,对资源节约、环境保护有着重要作用和意义,如表5-1所示。

表 5-1　　　　　　　　　　湖北循环经济发展模式

模式类型	方　　法	发起人
工业生态整合模式	基于传统企业族群式发展模式的思考,在工业区建设过程中,以某种产业为主导,再配置一些以该产业排放物为原料的产业,以构建区域循环经济运行体系	开发商企业
清洁生产模式	基于未来发展成本的选择,推广清洁生产技术	开发商企业
产业间多级生态链连接模式	通过不同产业之间有效的连接来实现资源的高效利用	开发商企业
生态农村园模式	利用农村产业模块之间的连接关系来实现能量与物质之间的循环利用	企业园区管理者

续表

模式类型	方　　法	发起人
家庭型循环经济模式	节约家庭能源支出，实现农村废弃物的高效利用，提高家庭经济运行效率	家庭业主
可再生资源利用为核心的循环经济模式	建立以可再生资源利用为核心的区域循环经济模式，从而既能节约投资，又能建立一个符合循环经济原理的区域经济发展模式	公众实体企业
商业化回收处理模式	建立专业化的回收渠道，由专门的回收公司进行代理回收，并通过返还出售时征收的环境污染税来鼓励人们将废弃物的高科技产品主动移交给回收公司，由此将废弃物产品集中到生产企业，进行再利用或相关处理	公众实体开发商企业

为有利于转变本地发展方式，避免生态环境的进一步恶化，避免更大范围的生态环境污染，湖北有必要建立地方政府间良性竞争，把资源的利用效率和环境绩效纳入干部考核范围，从而控制各类环境污染产生的路径，并督促地方政府更加重视保护生态环境、节约资源。同时湖北省政府要根据区域间的联动治污绩效考核的实际状况，给予相应的财政补贴和建设项目支持。

（2）健全生态环境污染的补偿机制

由于生态环境保护往往是跨区域性的，这就要求健全生态补偿机制。而这种补偿机制优化，需要中央政府及各级地方政府对生态环境污染控制给予补贴、财政拨款及制定的相关法律法规政策等。考虑到公众在生产和生活中缺乏足够的技术支撑，生产者缺乏足够的环保意识和安全生产知识，实际上就决定了各级政府是生态环境污染控制、生态环境建设的利益补偿主体。这种补偿主体的地位主要表现在：一方面，湖北各级政府应是湖北省域生态环境污染控制补偿机制建设的投资主体。为保障不同补偿途径具有稳定的资金来源，各级政府应为生态环境污染控制补偿机制建设大量投资，建立多渠道、多层次、多方位的资金筹措机制，并加大投入力度。另一方面，湖北各级政府应是生态环境污染控制补偿机制建设的行为主体。为建立、健全政府对农村生态环境建设的合理补偿机制，并进行有效的制度安排，湖北省市县各级政府不仅需要对参与环境污染控制工作的参与者的近期利益进行直接补偿，还需要制定有关的法律法规以及采取有关的政策措施。

（3）明确治理生态环境污染的政策导向

各项政策主要指从影响成本和收益角度入手，采用鼓励性或限制性措施，利用市场价格调节、税费调节或经济奖励等方式，促使本地生产者减少、消除污染从而使本地生产外部成本内部化，增加政府和本地生产者在污染控制政策执行上和本地生产管理的灵活性，最终有利于本地环境的改善和保护。价格调节是指通过本地产品上市价格反馈本地生产本身，通过快速测定对产品品质进行定位。不达标产品降价销售或低质低价。生态税费是对生态环境定价，利用税费方式征收。由于公众行为与环境开发导致的生态环境破坏的外部成本，税务部门依据专门检测机构对本地环境的检测报告进行征税。政府可以利用的措施包括产业政策、税收政策、教育政策和人事政策等。这些政策的作用是鼓励各地方政府联动治理生态环境污染，并建立跨省界断面水质考核机制，落实上下游污染防治责任。

（4）生态环境污染的激励管理

激励集体以更高的热情投入生态环境污染控制工作，通过对在生态环境污染控制工作中做出突出贡献的个人、单位或集体给予称号等表彰。荣誉激励可以产生"领袖效应"，带动更多的人参与环境污染控制工作，通过精神奖励则扩大社会知名度。落实好"以奖促治"和"以奖代补"的政策措施，充分发挥环保专项资金的示范带动作用，反过来也可以发挥各个经济主体和公众的参与积极性，这对监督地方政府治理生态环境污染具有促进作用。

（二）企业在生态环境治理中的角色和责任

市场机制的本质是不同的市场主体以自愿交易的方式实现各自利益的最大化。企业参与生态环境污染的治理，主体来自从事产品的加工、贸易、制造等企业。市场机制主体的动力，来自营利组织和个人的"经济人"动机。其"经济人"的行为方式的改变，也可以构成生态环境污染治理系统的一部分。从事产品经营活动的参与者的经营决策对生态环境状况产生直接影响，甚至从根本上改变农村生态系统的结构功能。提高企业的生态责任对维护本地生态资源系统的平衡具有重要意义。这也需要区域和国家采取国家性公共政策行动，如提供激励机制等措施。

企业是治理生态环境污染的市场主力。企业一方面在促进农村经济发展、解决农村剩余劳动力转移、推动城镇化发展中提供了大量的物质和技术基础，另一方面由于企业生产的不经济性，也给生态环境带来了生产污染，如化肥厂的废水排放、造纸厂的废水废气排放等造成液体、气体污染。所以，政府作为社会系统的管理者，协同治理模式的主导者，通过财政手段、市场交易手段、绿色融资手段等对企业的经济活动进行调节以达到保持环境和经济社会发展相协调的目标。

企业在协同治理模式中是治理的有效力量。企业在治理污染中有着雄厚的资金和技术实力，治理污染的效率也比较高。但企业是营利性组织，追求利润最大化，在生产过程中会超标超量排放废弃物，出于自身利益考虑企业也不会主动治理污染。因此，企业在治理污染时需要政府部门、协同治理组织的强制与监督。

企业既是生态环境污染的制造者也是污染治理的生力军。企业一旦遵守政府的排污规定同时承担社会治污的责任，利用企业的经济资源与技术优势治理生态环境，必然会取得良好的成效。

（三）公众在生态环境协同治理中的角色和责任

1. 公众在生态环境协同治理中的角色

湖北当前的政府环境管理模式和体制对于生态环境污染的治理有比较

多的问题。其中，将广大公众排除在决策监督主体之外是最大的缺陷。而公众恰恰是生态环境保护和治理中不可或缺的重要力量。首先，公众人数众多，如果发挥他们的积极性，就可以改变目前政府孤军奋战环境治理的格局，形成"自发秩序"，大大地降低制度运行的成本。广大公众既是环境污染的制造者，又是生态环境污染的受害者，他们对于本地哪里有污染、污染的严重程度和具体情况最为清楚。可以通过宣传教育让公众懂得污染的危害，发挥他们在环境污染治理中的监督管理作用。其次，公众是生态环境保护的力量渊源和最终动力，离开他们的参与，环境保护工作也将会像无本之木、无源之水，停滞不前。公众是治理生态环境污染的主力军，也是治理生态环境污染的受益者。再次，公众是资源环境的相关者，天然拥有参与资源环境治理的权利和义务。生态环境污染直接影响公众的生产、生活居住环境，治理生态环境污染对公众的生产生活至关重要。最后，公众作为消费者，其自身行为或行动也是有力的治理力量。例如，选择购买环境友好的产品，如绿色环保家电、使用沼气或太阳能灶和能耗低的设备等，通过市场影响商业活动的环境行为。公众在生态环境污染的治理中应该发挥"主人翁"的作用，把治理生态环境污染、改善生态环境当作自身的责任。限制了公众参与环境管理，也就限制了他们对美好与舒适环境的追求。因此，必须调动公众参与生态环境保护的主动性和积极性，最终形成全社会支持和关心本地环保工作的良好氛围，使生态环境保护成为亿万公众的共同行动。

2. 公众在生态环境治理中的责任

（1）公众参与的多样化

生态环境治理中公众参与的多样化是指公众能够实现全方位、多渠道的参与，形成全面的、系统的合力，推动生态环境保护工作的发展。参与的多样化主要表现在三个方面。一是观念性参与。它既是最重要、最深刻的参与方式，又是最广泛、最基本的参与方式。在公众中广泛树立保护环境的公德教育，因为一切的改变往往都是从观念的改变开始，使绿色观念和环境意识在全体公众思想中生根，使公众对实际生产、生活中的环境问题足够重视，负有环境管理的社会责任感，并使之成为每个公民个人自觉的生产规范和生活理念。二是合作性参与。它既包括与政府、政府间组织、科学界、私人部门、非政府组织和其他团体互动、支持、交流、配合，共同致力于生态环境保护，也包括引进环保技术、先进经验和国际环保资金，让它们服务于湖北生态环境治理。对于生态环境治理而言，广泛的合作具有十分重要的意义。三是政策性参与。向公众公开环境质量标准、环境政策、执法依据、办事程序、收费项目和标准等多项环境管理内容，让公众参与生态环境治理和环境管理的全过程，为公众参与生态环境管理提供信息保证，这是公众参与行为真正落实的关键。对一些群众反映强烈的环境污染事件，必须实行环境状况通报制度，让公众了解辖区内的环境状况。此外，邀请村民参与认证会，避免决策失误，要让公众参与新建项目的环境影响评价论证会。定期对在生态环境治理中做出重大贡献的公众和在环境决策中提出重要建议的公众以物质和精神的奖励，并形成一个完整配套、全方位、协调平衡一体化的生态环境综合政策体系。

（2）公众参与的有序化

实现公众参与生态环境保护的有序行为，是一种双赢的政治参与行为。生态环境治理中公众参与的有序化是指公众在法律、法规和制度规定的范围内，有序地、有步骤地、合规范地参与生态环境保护。它不仅能有效地表达公众的环境要求与环境利益，而且可以形成公众与政府之间的良性互动，从而促成政府环境治理工作的改进和管理绩效的提高。其主要内容表现在下述几个方面。首先是公众参与的合法性。具体表现为对现行法律法规和国家基本政治制度的遵循，以及公众参与途径方式的合法利用。其次是公众参与的程序性。任何政治制度都要通过政治运行得以实现，公众参与的程序化有利于政治体系的稳定和社会的有序发展。政策实现的效应在很大程度上取决于人们对程序的遵守，体现为公众对参与程序的遵从，归根到底是对政治制度的认同。这既是社会和谐发展的要求，又是政治进步的表现。最后是公众参与的合理性。合理性的公众参与，标志着公众公民意识的成熟,主要表现为对参与目标的合理确定,对参与方式的正确选择,对生态环境问题的合理分析,对相关法律、制度的遵循,并注重进行"成本收益"评估,以选择消耗最少、利益最大的参与方式。

(3) 公众参与的组织化

公众环境组织主要分两大类:一是以社团为单位开展环保活动、组织环保宣传的临时性组织;二是以单位、部门为主体组织环保协作的较为固定、较为经常的业务性组织。公民有组织地参与政治是现代社会政治发展的一个趋向。组织是通往政治权力之路,它既是稳定的基础,又是政治自主的前提。因此,公众只有拥有自己的环境保护组织,才能不断增进对环境保护的参与度。而这些组织是实现环境民主和公众参与的社会基础和组织保证,也是一股有影响力的社会力量,在生态环境保护中起着十分重要的作用。其作用主要表现在以下几方面。从组织功能看,在法律允许的范围内,公众环境保护组织在政府和公众之间起到"纽带"和"桥梁"的作用,把公众真实意见反馈给政府,有力地推动了政府把权益真正赋予公众。从表达功能看,当公众个人作为分散的个体和孤立的个人面对环境问题时,他们更需要团体力量的支持。公众环境保护组织,其本身天然的和公众具有密切的联系,是公众自发建立的,表达公众对环境保护的观点。从教育功能看,可以强化环境道德的功效,有效地提高公众的环境保护意识。公众环境保护组织可以对公众开展以自我参与为主的环境教育活动,进而使得公众环境保护意识得到提高,这样可以使他们更积极地参与环境非政府组织的活动。从监督功能看,政府的行为是否合法、是否到位,还需要公众的监督。政府在环境治理中既是管理者,又是被监督者。公众环境保护组织,作为社会力量的主要代表,有着十分重要的环境监督作用。

二、湖北省域生态环境治理体系现代化的主体博弈

湖北省域生态环境治理中主体间的相互博弈,使得生态环境污染与治理出现不断交替的循环趋势。为了有效理清这种博弈关系,利用博弈论的基本原理,建立污染企业、政府和公众三者的动态模型并求出模型的均衡

解，且对均衡解进行分析，从而探索治理生态环境污染的对策。

（一）基本假设

博弈论提出，一个博弈参与人所做出的决策，将影响其他博弈参与人的决策及其所得结果，反过来，这个博弈参与人的决策及其所得结果，也要受到其他博弈参与人的决策的影响，即各方参与人博弈的最终结果，都要受到各参与人决策的影响。

（1）假设在自由竞争的市场经济中，污染企业只能接受地方政府规定的排污收费标准而不能对其施加任何影响，博弈的各方都是理性经济人，其选择都是为了使自身利益最大化。

（2）只要政府对污染企业排污和环境治理情况进行跟踪检查，就一定能查实污染企业是否如实上报排污量及有无违规排放污染物，政府对污染企业的排污检查方式是长期的、随机的抽查。

（3）公众受到污染企业的排污的影响，引发环境污染纠纷，在与污染企业交涉无果后，公众会选择向政府有关部门反映情况，或者进行上访和环境诉讼以维护自身环境权益和保护公众的生存环境。公众面对社会关系和强势的致害主体，也可能选择不进行环境维权，承受工业污染带来的损害。

（4）如果公众采取相关措施进行环境维权，政府则根据各方面的因素来决定是否受理公众的污染举报，决定是否对污染企业进行污染处罚。污染企业一旦被发现未如实上报排污量，就要接受一定的惩罚，若公众对其提出诉讼，还要对公众的损失进行经济赔偿。

（二）模型基本要素

动态博弈是指博弈参与人的行动或决策是有先后次序的，后行动者能够观察并发现到先行动者所选择的行动。

（1）参与人：污染企业、政府、公众。

（2）参与人的策略选择：企业的策略选择为违规超标排污、达标排污，政府的策略选择为检查惩罚、不检查不惩罚，公众的策略选择为环境维权、不维权。

（3）参与人的信息集：污染企业违规排污未如实上报排量的概率是 ρ_1，污染企业合规排污且如实上报排污量的概率是 $1-\rho_1$；政府对污染企业进行检查的概率为 ρ_2，不检查的概率为 $1-\rho_2$；公众进行环境维权的概率为 ρ_3，不维权的概率为 $1-\rho_3$。

（4）三方博弈人（污染企业、政府、公众）的期望收益函数为 P_1，P_2，P_3，为了求得参与人的收益函数，先画出环境治理问题的博弈树，如图 5-2 所示。

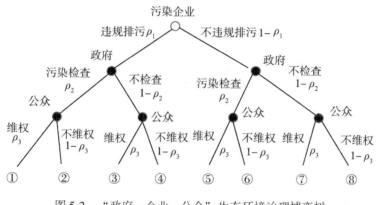

图 5-2 "政府—企业—公众"生态环境治理博弈树

$$P_1 = \rho_1\rho_2\rho_3\big[E - ue - ts - \theta(E - e - s) - aD - D_0\big] + \rho_1\rho_2(1 - \rho_3)\big[-ue - t - \theta(E - e - s)\big] + \rho_1(1 - \rho_2)\rho_3(-ue - ts) + \rho_1(1 - \rho_2)(1 - \rho_3)(-us - ts) + (1 - \rho_1)\big[-(E - E_0) - tE_0\big]$$

$$P_2 = \rho_1\rho_2\rho_3\big[-H_0 + ts + \theta(E - e - s) + D_0\big] + \rho_1\rho_2(1 - \rho_3)\big[-H_0 + ts + \theta(E - e - s)\big] + \rho_1(1 - \rho_2)\rho_3(ts + D_0) + \rho_1(1 - \rho_3)(ts) + (1 - \rho_1)\rho_2(-H_0 + tE_0) + (1 - \rho_1)(1 - \rho_2)(tE_0)$$

$$P_3 = \rho_1\rho_2\rho_3\big[-D + aD\big] + \rho_1\rho_2(1 - \rho_3)(-D) + \rho_1(1 - \rho_2)\rho_3(-D_0) + \rho_1(1 - \rho_2)(1 - \rho_3)(-D)$$

　　其中：a 是污染企业治理单位排污所用的成本与所获收益的差，E 是污染企业污染物排放量，u 是污染企业进行污染物治理的成本与收益之差，e 是污染企业污染治理后的污染物排放量，s 是污染企业上报环保部门的污染物排放量，t 是污染企业排污的收费标准，D 是工业污染对公众造成的损失，D_0 是公众的环境诉讼和上访等的费用，H_0 是政府对污染企业进行检查的成本，$\theta(E-e-s)$ 是政府对检查到的违规污染企业的惩罚函数，aD 是污染企业对公众的线性赔偿，a 是大于零的常数。

（三）三方动态博弈模型及其均衡解

　　在确定各个节点的三方博弈主体（污染企业、政府、公众）收益的基础上，需要求解出三方动态博弈的均衡解。求出动态博弈模型的均衡解的方法是逆向归纳法：即先最大化最后一个博弈参与主体的期望收益，得出最后一个博弈参与主体的最优解；然后把最后一个博弈参与主体的最优解，代入倒数第二个博弈参与主体的期望收益，最大化倒数第二个博弈参与主体的期望收益，得出倒数第二个博弈参与主体的最优解……以此类推，直到得出第一个博弈主体的最优解，这些最优解则是所求动态博弈模型的期望收益的均衡解。本书为先求出公众的期望收益函数，最大化公众的期望收益函数，得出公众的利益最优解；然后求出政府的期望收益的函数，最大化政府的期望收益的函数，将公众的期望收益的最优解代入，得出政府期望收益的最优解；最后求出污染企业的期望收益函数，最大化污染企业的期望收益函数，将公众与政府的最优解代入，得出污染企业的最优解，这些求解出来的最优解即为动态博弈模型的均衡解。该模型的均衡解如下。

$$P_1 = \rho_1\rho_2\rho_3\left[-ue-ts-\theta(E-e-s)-aD-D_0\right]+\rho_1\rho_2(1-\rho_3)\left[-ue-t-\theta(E-e-s)\right]+\rho_1(1-\rho_2)\rho_3(-ue-ts)+\rho_1(1-\rho_2)(1-\rho_3)(-us-ts)+(1-\rho_1)\left[-u(E-E_0)-tE_0\right]$$

$$P_2 = \rho_1\rho_2\rho_3\left[-H_0+ts+\theta(E-e-s)+D_0\right]+\rho_1\rho_2(1-\rho_3)\left[-H_0+ts+\right.$$

$\theta(E-e-s)] + \rho_1(1-\rho_2)\rho_3(ts+D_0) + \rho_1(1-\rho_3)(ts) + (1-\rho_1)$
$\rho_2(-H_0+tE_0) + (1-\rho_1)(1-\rho_2)(tE_0)$

$P_3 = \rho_1\rho_2\rho_3[-D+aD] + \rho_1\rho_2(1-\rho_3)(-D) + \rho_1(1-\rho_2)\rho_3(-D_0) + \rho_1(1-\rho_2)(1-\rho_3)(-D)$

最优化的一阶条件为

$\dfrac{\partial P_1}{\partial P_1} = \rho_2\rho_3[-ue-ts-\theta(E-e-s)-aD-D_0] + \rho_2(1-\rho_3)[-ue-t-\theta(E-e-s)] + (1-\rho_2)(-ue-ts) - [-u(E-E_0)-tE_0] = 0$

$\dfrac{\partial P_2}{\partial P_2} = \rho_1\rho_3[-H_0+ts+\theta(E-e-s)+D_0] + \rho_1(1-\rho_3)[-H_0+ts+\theta(E-e-s)] - \rho_1\rho_3(ts+D_0) = 0$

$\dfrac{\partial P_3}{\partial P_3} = \rho_1\rho_2[-D+aD] + \rho_1\rho_2(-D) + \rho_1(1-\rho_2)\rho_3(-D-D_0) + \rho_1(1-\rho_2)(1-\rho_3)(-D) = 0$

利用逆向归纳法，可得出污染企业、政府、公众三方动态博弈模型的均衡解为

$$P_1 = \frac{H_0}{\theta(E-e-s)} \tag{5-1}$$

$$P_2 = \frac{D_0}{aD+D_0} \tag{5-2}$$

$$P_3 = \frac{u(E-e-E_0)-t(s-E_0)}{D_0} - \frac{\theta(E-e-s)}{aD+D_0} \tag{5-3}$$

（四）模型结果

由式（5-1）可以得出以下重要结论：第一，污染企业排污超标并且没有如实向政府上报排污量的概率 P_1，只和政府对污染企业检查的成本 H_0 以及惩罚函数 $\theta(E-e-s)$ 有关。

第二，当 H_0 的值越小，污染企业违规排污且虚报排污量的概率就越

小。说明当政府对污染企业进行检查的成本 H_0 减少时，地方政府的检查力度会加强，那么污染企业排污超标且没有如实上报概率就会减小；反之，污染企业选择超标违规排污且虚报排污量的概率就会增加。当 $\theta(E-e-s)$ 越大时，概率 P_1 就会越小。说明当政府对违规排污企业的惩罚力度越大，污染企业就越不敢随意排放污染物，就会倾向于选择治理污染，出现排污超标且未能如实上报排污量的概率就会降低；反之，污染企业超标违规排污且虚报排污量的概率就会增加。

由式（5-2）可以得出以下重要结论：

第一，政府对污染企业的检查概率 P_2，与环境诉讼和上访的费用 D、公众获得的赔偿函数 aD 相关。

第二，当 aD 的数额越大时，P_2 越小，说明污染企业赔偿公众损失的金额越大，污染企业则不会违规超标排污，更倾向于自觉治理污染。污染企业自觉上报排污量并自觉进行环境治理，政府的检查力度就能减少；反之，政府的检查力度就要加大，才能防止污染企业违规排污。当公众的环境诉讼和上访的费用 D 越小，P_2 就越小，说明公众维权的成本越低，公众维权的积极性就高，同样，环境维权力量越强大，也能相对降低单个公众的环境维权的成本和风险。

由式（5-3）可以得出以下重要结论：

第一，公众环境维权的概率 P_3，与污染企业治理污染物的成本与所得的收益之差 u、环境维权获得的相关赔偿函数 aD、环境维权成本 D、政府对污染企业的惩罚函数 $\theta(E-e-s)$，以及政府对排污企业征收的排污费 t 有关。

第二，当 u 的值越大时，说明污染企业治污的成本就越高，就越会违规排污降低成本，公众环境维权的可能性也就越大；当 D 的值越小时，P_3 的可能性越大。公众的环境维权成本越低，公众进行维权行动的积极性会更高。当 $\theta(E-e-s)$ 越大时，P_3 就会越小，说明政府对违规排污企业的处罚力度越大，污染企业就越不敢违规排污，对污染治理的自觉性和积极性更高，使得污染的危害大大减小，同样公众维权的概率自然降低。当 D 越大时，P_3 就越大，说明污染企业对公众的赔偿金额越大时，公众通过环境维权获得一定的经济赔偿的概率就越大。当 t 越大时，P_3 就会越小，说明当政府对违规排污企业征收的排污费越多，污染企业越不敢违规排放而是先进行污染物的处理再排放，违规排污概率自然就降低，公众维权的概率也就会降低。

三、湖北省域生态环境治理体系现代化的主体参与动因

生态环境问题是影响所有人类生存的社会性问题，每一位社会成员、组织体系都有天然的责任和义务维护环境、保护生态。对此，通过各类主体内化的固有特征和外部影响两个维度进行差异化动机分析。一方面，每一类主体参与环境治理协作都受到不同外部因素的影响，这些因素可能是积极推动的或是消极障碍性的，它们会从各自不同方面影响甚至决定各个协作主体是否会做出参与协作的决策、参与协作的程度、参与协作的主动性，甚至影响到参与协作的效果。另一方面，客观优势和局限性则描述了各主体在实现共同协作的行为过程中，主体由于其自身社会地位、结构组成、组织性质不同而产生的固有优势或局限性特征，是一种内置状态的特征性描述。这类内部固有的主体特征和外部正负影响因素实际都可以作为帮助我们了解各类主体参与协作动机大小的决定性指标，据此，进一步提出有针对性的激励条件，促进协作的进一步形成。生态环境治理的各类主体参与动机比较分析如表 5-2 所示。

表 5-2　　　　生态环境治理的各类主体参与动机比较分析

参与主体	影响因素		自身特点	
	推动	障碍	优势	局限
政府	社会管理责任、改变治理策略、回应现实问题	原有利益阵地的坚守	资源调配能力强	易产生压倒性力量

续表

参与主体	影响因素		自身特点	
	推动	障碍	优势	局限
企业	寻求政府的支持、企业利益诉求、来自其他主体的压力	成本考虑、信息披露	技术优势、控制实际污染环节	盈利性本质
非政府组织	社会公益取向、群体利益诉求	对政府的依附性	自组织能力、社会动员能力、专业性	力量赢弱
公众	环境问题直接感受者、个体利益诉求	松散、分散、组织性差	成员人数众多、对其他主体具有强渗透性	个体素质、认知差异

从表5-2可以看出，每一种治理主体实际上都具有参与协作的可能性与优势，但同时也都具有各自的局限性和障碍性。从根本利益上讲，基于生态环境本身的外溢性特征，所有社会主体都将是环境污染的受害者和优质环境的受益者，因此所有主体在根源上都应具有努力维护环境生态平衡的社会责任。在此基础上，出于个体利益和集体利益的权衡，局部利益和整体利益的比较，短期利益和长期利益的选择，各类主体就会在具体行为上产生分歧。从积极的影响因素看，各类主体实际上都会存在参与协作的主动性因素，例如政府基于合法性所承担的社会管理职能，出于改善治理水平、提高治理效果的主观性而进行的鼓励多方参与的治理策略；另一方面，现实污染问题的不断恶化，环境问题所带来的负面影响不断冲击着社会各个角落，环境群体性事件、环境对经济发展的限制逐渐在现实中展开，这些问题的凸显迫使政府不得不通过协作来缓解和释放此类问题所带来的社会压力。企业的有效参与协作也同样是个复杂性问题，企业过去一直以被管制的身份存在，生存的需求和生态环境公益间的矛盾一直在现实

中通过有限度来应对，之所以有限度是因为企业可能会通过和政府间不断的博弈和寻租行为获得更大的自身利益。企业并非天然的"恶"，只不过需要更有利的外部氛围和来自国家力量的支持帮助其改善污染的现状，现有的被管制地位使其丧失了主流的话语权和主动权，真正利益的需求和表达以及寻求国家力量的支持都成为其主动参与协作的动因。同时，企业因为污染行为同样会受到来自政府和社会方面的压力，尤其是公民权利意识的觉醒，因为污染问题而导致的企业公民间对抗或是公民向政府施压、政府再向企业施压的现象越来越多，企业置于这些压力之下更希望通过积极主动的协作方式解决问题。另外，公民和非政府组织的有效参与一直是现代社会民主文明进步的表征，通过个体或集体的力量表达对环境权益的诉求，承担应有的社会责任成为这两类主体参与协作的重要动因。

湖北省域生态环境治理主体协作的有效参与同样会由于诸多障碍性因素的存在而变得困难重重，政府倡导多主体的共同协作必然意味着传统的社会治理权限的分享，也就意味着更多特权利益的丧失；而对于企业，过多的参与需要企业信息的披露与共享，积极的参与策略也可能导致更多的治理投入而增加企业运转的成本；另外，环保非政府组织在湖北的发展虽然有了一定成绩，但权威型的社会治理结构决定了其同国内其他非政府组织一样需要依附于现有政府，这种依附关系实际上在一定程度上影响了它自身在协作参与过程中的权威性和独立性；公民个体的松散结构和分散性是制约公民形成有效力量的重要原因，产生这种参与障碍的原因主要还是公民个体素质参差不齐，认知差距客观局限性的存在。

基于既有的特点，各类主体的自有优势与局限也是影响动机的重要方面。政府在拥有强大的社会资源获取和调配能力的同时，也会因为绝对的压倒性力量造成协作中共治关系的失衡；企业位于产生环境问题的第一线，对于自身产业技术必定有更多的了解掌握，由于拥有控制污染设备技术的实际选择权也使其在协作关系中具有更多的发言权，但出于机会成本的选择，企业往往会屈从于经济性的最终考虑；从环保非政府组织的构成看，环境科学、法律等方面专业人士的大量参与聚集，实际上为这类组织的专业性贡献了重要力量，但是，自身发展的赢弱也限制了参与协作的影响力量；公民的影响力实际是不容忽视的，因为所有的组织都是由公民构成，但是公民个体间的认知、素质、判断等差异又成为其无法回避的短板。

第三节　湖北省域生态环境治理体系现代化的结构网络

一、湖北省域生态环境治理体系现代化的结构形式

现有的社会实体是一个动态的、复杂的、多样性并存的网络系统结构，而且这些特征伴随着社会的持续发展又在不断地强化。对社会的网络化形容是迄今为止最生动的描述，尤其在复杂社会网络理论的研究中，社会系统被抽象成由大量的社会节点［点集 V（G）］通过相互之间的作用关系［边集 E（G）］连接而成。在社会系统中，"节点"为个人或组织机构，"边"代表人们之间的各种社会关系。复杂社会网络由若干个相互依赖、相互作用的职能性社会主体构成，并通过主体之间的相互作用来凸显社会系统的整体性结构特征。之所以借用复杂社会网络理论的视角来讨论湖北省域生态环境治理体系现代化的网络结构，是因为生态环境治理需要通过各类主体之间相互协作来完成。这些治理主体之间的客观联系是进一步探讨生态环境治理体系现代化网络结构的基础和起点，在这些客观联系之上，生态环境各类协作治理主体更深入地发展出相互依赖又各具差异、具有独特运行机制的高层次网络关系。对这种复杂网络社会结构的考察为审视生态环境治理体系现代化提供了一种最为恰当的视角。

很多学者认为现有的环境治理结构为一种"中心—边缘"结构，主要特征表现为治理权限相对较为集中，无论是治理方还是被治理方，政策制定者还是政策执行遵守者，他们之间都存在着明确而严格的界线划分。本书认为现有的环境治理结构更类似于以"中心—边缘"为基础的空间化的立体三角式治理结构。政府处在整个治理格局的绝对中心位置，而且由于

它本身所拥有的权力地位，实际上处于一种不同于社会其他主体的拥有强大资源支配权和统领权的社会高等级位阶，政府通过对社会资源的吸纳调整不断聚拢资源，同时向外部边缘转移风险，尽管有少数拥有相应资源或技术优势的外部组织围绕其周围，成为掌握部分权限的行动主体，或是可能有治理主体通过出让服务的方式获得一定权限，但在实质上这种治理权力仅能被视为为了实现某种交易而进行的让渡，权力并不会被真正分享，所以这种治理结构整体上呈现的是一种权力封闭的单向度治理特征。与这种外部封闭性不同的是，治理结构内部则表现出部门分割、职能交叉、多头管理、缺乏协调等区隔化特点，具体到某一类社会事务，由于职能被分置于不同的部门中又会出现政出多门、各自为政、责任推脱、协调成本高等具体问题，环境事务就是这类问题的典型代表。为了弥补现有治理结构中权力封闭与内部裂化的问题，设想通过协作视角下的网络结构来改善和调整这些问题和状况。

同这种立体三角式治理结构不同，协作视角下的生态环境治理网络结构更倾向于扁平化特征（如图5-3所示）。这种治理结构打破了原有生态环境治理主体与生态环境治理客体的对峙，改变了单向度、权力封闭化的治理形态。网络化的有效集散，可以更有效地带来信息利益，同时也推进治理权和公共性的进一步扩散，促进治理参与的民主化提升。每一个参与治理的组织或个人都会因为身处其中而更加深刻地领悟治理的目标与理念，而且参与者同时作为行动者壮大了治理的规模与力量，必然会为治理系统增加更多的活力。现有的单中心权力封闭式的治理结构在缺乏外部有效监督的情况下也会成为滋生个体或集体寻租行为的温床，当更多参与主体共同协调商议环境公共政策时，更多原来被排斥在外的意愿或诉求可以获得尊重，集体的智慧和价值观念也会颠覆以往精英个体和团体的"灵光一现"或"为民做主"，取而代之以权责明晰划分、多元协作的开展以及秉持共同的信念与信任。

总之，可以将协作视角下的湖北省域生态环境治理体系现代化的网络结构视为一种更为特殊的社会网络关系，这种网络结构呈现的是多种组织

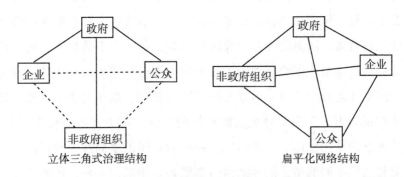

立体三角式治理结构　　　　　　　　　　扁平化网络结构

图 5-3　湖北省域生态环境治理结构转型图

间相互关联、相互依存的存在状态，正是这种组织间、主体间的网络构造性状提供了协作能力得以发展的基础与可能。生态环境治理中协作行为的产生既可看作管理者、参与者作为局部存在为谋求一定环境治理和保护目标而采纳的理性战略选择，也可将其视为环境治理各现实主体和潜在主体以网络治理结构形式为依托共同集体行动以期提升治理效果的方式与手段。协作性生态环境治理以网络结构作为其承载模式包括以下几个内容：①网络结构中，包括政府、企业、非政府组织、公民等众多参与者，参与者之间具有独立自主的身份特征，这种独立特征与相互依赖关系并存；②网络结构中，共同利益和利益分歧共存，参与者之间互动的手段是对话、协商等沟通机制；③具有一定程度的自组织特征；④参与者共担责任与风险，共享权力与回报。

二、湖北省域生态环境治理体系现代化的结构类型

尽管从整体而言，湖北省域生态环境治理体系现代化的协作性治理呈现的是一种网络结构关系的存在，但由于内外各种因素的影响，这种网络结构也会表现出多样化的特征。在此，用各主体在协作过程中的相互关系和实现协作的方式作为分析的两个维度将具体的网络结构类型进行区分。如图 5-4 所示，一般来说，主体在协作过程中的相互关系的密切程度可分

为互动性和自主性两个变量；主体间实现协作的方式可以通过严格的制度化和灵活的行动性来实现。每组维度相互对应，且作用力相反。

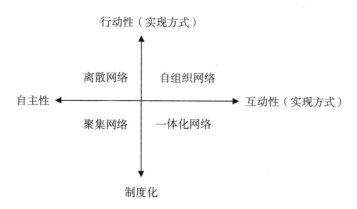

图5-4　湖北省域生态环境治理体系现代化的网络结构类型

制度化是通过制度规范将组织框定在一种有序的范围内，力图把不确定因素实现成为形式上的确定性，以期获得可预测的结果。在制度化的视角下，通过抽象而有限的规则设计对纷繁复杂、千变万化的现实情况进行规范是一种有效的秩序建立的过程。具体而言，无限复杂的现实被简化为有限的纲要条款，生活中具体的多样性被抽象为可以汇总和比较的类别，这样，在制度的保障下，行为的开展可以获得明确的预期、稳定的秩序和可设想的结果。可以说，制度化的安排一直是人们最习惯和常用的思维定式，在这种惯性下，对于问题的解决通常被直接归结成对制度的建构与完善。

行动性是相对于制度化这种规范而理性的预设而言的。高度复杂性和高度不确定性下的生态环境治理是行动优先的而不是制度优先的，也就意味着生态环境相关问题的高度复杂性和不确定性可能导致既有规则与规范的失效。而行动性以其具体灵活的处事方式，表现出对所面临问题和境况更实质、更深入的关注，在兼具灵活性和回应性的动态过程中谋求公共性的扩展与实现。

　　互动性表现了主体间动态的密切关系，通过互动，双方或多方通过各自的行动为对方创造一种能够进一步采取措施的基础或资源条件，以此促进对方预设目标的实现以及各自利益的最大化。互动以各自掌握的资源为基础，不同于描述单向关系的"依赖"，这种互动可能是资源的交换，也可能是资源的整合，互动中的各主体作为资源的提供者和获取者的身份角色可以互换及相互影响。

　　自主性，希望借助"自主性"与"独立性"这一对相近词的区别关系来描述与说明自主性的表达意蕴。从本质上而言，独立性描述的是组织的一种结构性和外部性的特征，是组织得以存在的前提性和基础性条件，涉及组织与外部的法律、政治层面的关系，从形式上表达了组织与外部之间的客观区分关系。自主性则强调按照自己的意志和目标来行事，逻辑上侧重于表达组织或个体对自我意识的表达和释放。同"独立性"的形式化不同，它表达了内部的、自我意志的能动性，尤其对组织而言，它更强调组织自我管理、自我治理。在此处，还需明确的是，这里要表达的自主性和互动性相对应，意味着自主性强调自我意识行使，因此可能会导致主观上不愿兼顾或客观上没有顾及其他组织的意愿和利益的现象。

　　按照这四个变量，湖北省域生态环境治理体系现代化的结构类型大致可以划分为以下四种：协作主体间互动良好，以灵活的行动为行为主导的自组织网络结构形式；协作主体间互动性良好，具有严格制度化特征的一体化网络结构形式；协作主体间保持较强的自主性，但制度化明显的集聚网络结构；协作主体间自主性较高，以行动为导向的离散网络结构。

　　自组织网络结构强调主体关系间的紧密互动，资源交换与信息共享的开展较为深入，组织间信赖度高，自愿性强。由于这类结构通常处于高度复杂性和高度不确定的问题环境下，即意味着该种类型尽管形成了密切的相互网络化结构，但是各方主体间结成协作关系的形成方式却不依赖于对行动主体微观理性的预设，而是依靠对现实问题真切深入的理解与判断，实现一种理性的自治。

　　一体化网络结构的主要特征在于规范化与互动性并存，也会进行广泛的信息共享与资源交换，但这一切都需要在形式合理性的指引之下实现。这种结构追求一种最大限度获得确定性的方法和途径，希望获得可以预测的协作过程和结果。集聚网络结构中的协作主体相比前两类互动关系较差，尽管会产生协作，但资源与信息的交互十分有限，往往是按照协作前预设的行动规则进行程序化的资源信息交流，其中暗含的可能性是存在一方或多方强势的主导力量通过一些外力的作用开展协作，其他主体的自愿性不高，自我意识强烈却也无可奈何。

离散网络结构同自组织结构一样强调解决问题的灵活自治性，但往往由于各协作主体强自主性，导致协作主体总是在理性协作与自我实现之间徘徊，挣扎于整体利益和个体利益的抉择中，主体间信任度不高，资源交流有限，所以这一类结构往往是协作效果最差的。

第六章 国外生态环境治理体系
现代化的经验启示

第一节 国外生态环境治理体系现代化的
主要举措及经验

一、美国生态环境治理体系现代化的主要举措及经验

（一）美国生态环境治理现代化的主要举措

20 世纪 70 年代开始，美国通过制定一系列生态环境治理政策来改善生态环境问题。美国典型的环境政策主要包含有环境影响评价制度、排污许可证制度、总量控制和排污交易制度、有害废弃物全过程管理及超级基金制度、环境税制度等。

1. 环境影响评价制度

1969 年，美国确立了环境影响评价制度。美国环境影响评价制度设定政府为评价对象，公众为参与人。具体而言，美国的环境影响评价制度包括建设项目环评、规划环评以及战略环评，涉及相关环境法律草案、拨款、国际条约与重要的联邦活动，并且内容上包括环评对象、社会参与、替代方案等，中心工作是编制环境影响报告。对于环境影响评价的对象，专门由美国环境质量委员会做出明确的划分，包括各级政府制定和主导的环境政策、计划、规划以及对应的项目。其中，环境政策包括环保规则、

规定、各类国际协议以及联邦机构出台的各类正式文件等。而计划则包括联邦有关机构准备或已经批准的、指导和规定环境资源利用的各种政府文件。规划则包括政府执行某项环境政策或计划的规划以及安排联邦资源以执行规定的环境法律条文等。项目则主要指联邦机构或州政府批准、决定（部分）资助的各类环境项目。

公众在最初阶段就全程参与环评程序，并且对各种纳入环境影响评估范围的环境因子提出自己的建议、对联邦政府环境政策发表见解、参与与各种环境政策有关的听证会或者参加环境集会、将自己的意见建议直接提交到生态环境主管部门，而生态环境准管部门必须考虑在提交的限期内给出环境政策的修改完善意见。可见，环境影响评价制度的存在，促进了公众参与生态环境保护，推动了美国联邦政府决策的针对性和科学性，从而最终有利于全美生态环境治理的开展。

2. 排污许可证制度

排污许可证制度在美国水、大气等环境污染治理中得到广泛的运用，并取得较好的效果，被认为是美国生态环境管理中最为有效的举措之一。美国的排污许可证制度是进行生态环境有效管理的重要手段，不仅有利于推进政府执法和企业的守法，而且还可以让公众积极参与企业排污。美国排污许可证制度的实施上有很多优良的做法值得湖北借鉴。比如，在实施排污许可证制度的过程中，给予州和企业充分的准备时间遵守联邦法律，以确保排污许可证制度中规定的各项内容能得到有效实现，从而维护了排污许可证制度的严肃性与权威性。

按照水污染排污许可制度的规定，如果企业没有获得相应许可点源，是禁止排放水体污染物的。水污染排污许可证制度中规定了排放污染物的种类、数量、排污时间以及污染物特征等要求。当然，针对个别企业与同类别企业排污有本质差异时，可以单独向联邦环境署申请"例外许可"。但由于这种例外许可有别于一般情况，因此，生态环境主管部门需要对申请者的生产条件与技术水平进行评估后才能发放例外许可的排污指标。

3. 环境公民诉讼制度

美国是最先在全球创立环境公民诉讼制度的国家。其环境公民诉讼制度可以追溯到 1970 年《清洁空气法》，该法的出台为公众参与环境诉讼提供了法律保障。此后，美国国会在制定每一部实体环境保护法律，都会将公民诉讼条款纳入其中。到了 20 世纪 90 年代中后期，公民环境诉讼制度已经变得相对完善，并对世界各国的环境公益诉讼立法提供了经验借鉴。

美国的环境诉讼制度为公众参与生态环境保护，维护自身的生态正义提供了制度保障。这种保障通过提起司法审查和公众环境诉讼监督的形式来实现。如当法律对环境行为的禁止性或者限制性规定模糊时，公众做出自认为符合法律法规规定的行为却因此受到环境监管部门的惩处或行政指控时，公众可以通过司法审查方式来提起环境诉讼，确保自身的合理诉求以及处境得到公正的处置。而公民环境诉讼监督则主要针对政府部门或企业等主体破坏环境的违法行为提起诉讼请求。这两种制度的存在，基本覆盖了公众环境权利和生态利益受损的所有方面，最大程度地保障了公众的权利。

（二）美国生态环境治理现代化的经验总结

在生态环境治理上，美国通过制定一系列制度措施并积极地实施，保障了生态环境系统的稳定。但随着美国自由体制地推进，对市场运行规则的过度依赖，导致生态公平正义面临严重挑战，由此引导公众参与和监督生态环境就显得很有必要了。

1. 公众成为生态环境治理的关键力量

美国对生态环境的治理，最早并非由政府主导，而是由城市民间团体推动进行的，各类民间环保组织的运动在推动城市环境管理改善的同时，还迫使政府逐渐认真思考与对待生态环境问题。民间环保组织之所以能起到关键作用，跟美国的社会环境以及政府对公民权益的保障有着密切的关系。尤其是美国通过颁布《国家环境政策法》，不仅赋予公众参与政府各类生态环境行政决策的权力，还明确了公众的环境权力应该得到尊重。如果环保部门或者其他政府部门在履行上述职权上没有一定数量的公众参与，那么其做出的环境影响说明或者制定的环保保护条例可能会被当地市州法院判决无效。基于美国对公众环境权利的保护，公众参与生态环境治理的积极性得到明显的增强，全美生态环境质量取得明显改善。

2. 非政府组织在环境制度完善中发挥重要作用

随着美国各项环境法的出台，公众的环境权益得到显著增强，许多非政府组织尤其是一些环境组织的领袖们频繁出现在美国首都华盛顿，以监察员的身份监督环境法规的实施。当然，非政府组织为了更好地成为制度内环境法监督的有效参与者，不断优化自身组织结构，吸纳更多科学家、经济学家、律师团队以及专业的资金筹集者、媒体顾问和成员招募专家加入组织。不少环境组织开始在全美各大城市设立办事处，甚至将总部迁往华盛顿，从而方便对政府部门的游说活动，最终影响政府的环境决策。

3. 独立的最高环境咨询机构，力图为环境决策提供客观、公正的建议

为了应对生态环境问题，美国专门成立了独立于联邦环保机构的环境质量委员会，其直接归属于白宫最高环境决策咨询机构。由于在机构设置、财政资金支持等方面的独立性以及相关组成人员的专业性和权威性，环境质量委员会能够直接向总统提供客观、公正和综合的生态环境建议，从而为美国环境政策的出台与落实提供了有力组织保障。当然，环境质量委员会的委员除了机构内部的正式人员外，还包括一定数量的非正式外部科研单位、高校等人员，从而确保了这个机构的专业性和权威性。对此，环境质量委员会对某一项具体环境工程或者环境方案可能产生的环境影响发表的观点，往往被视为科学与权威的。美国环境质量委员会的存在，很大程度上为美国生态环境治理决策提供了科学的建议，从不同的维度保障了决策的权威性和独立性。

二、德国生态环境治理体系现代化的主要举措及经验

（一）德国生态环境治理体系现代化的主要举措

德国根据自身国情，探索出了一条"先发展后治理"的生态环境治理模式。20 世纪 70 年代以来，德国就相继关停了污染严重的煤炭、石油、化工与造纸企业，并投入财政资金对废弃厂区进行生态环境修复；同时，德国还依托世界领先的信息技术、生物医药技术与环境保护技术的优势，加快从工业化社会向信息化社会转型，从而进一步降低了经济社会发展对生态环境的污染与生态系统的破坏。经过 50 多年的不懈努力，德国目前已经建成为世界上生态环境最好的国家之一。德国生态环境改善如此巨大，很大程度上是由于科学技术和生态民主在生态环境治理过程中发挥了至关重要的作用。

1. 发展环保科技

德国作为高度工业化的国家，其科学技术创新能力强，对经济社会的贡献作用大。在生态环境治理现代化过程中，德国依托自身技术优势，已经探索出了一条运用科学技术解决生态环境问题的治理之路。

一方面，德国运用环保科技对公众进行生态教育。环保科技作为科学技术的一种，融合了科技与生态环保两重属性。德国通过国民体系促使公众将环保意识转化为公众的环保行为，又将公众的环保行为转化为全社会的环保潜意识。具体来说，德国的环保科技教育分为环保科技使用教育和环保科技专业知识教育两个部分，如污水处理技术等环保科技教育主要针对环保科技企业员工与生态环保部门工作人员，环保科技专业知识教育则贯穿德国全民教育体系全过程。鲁尔工业区在 20 世纪 60 年代之前高等教育发展还是空白，目前，该区已经拥有 60 所高等院校，共计 50 余万名在校大学生。德国政府还专门建立了许多讲授生态环保技术运用的公众培训机构，以便政府官员、企业专业技术人员、非政府组织以及普通公众能够及时了解并掌握各类环保科技的使用方法，从而积极投身于生态环

境治理中。

另一方面，德国运用环保科技对生态环境质量进行全程控制和监测。为了确保生态环境免遭再次破坏与污染，德国政府运用科学技术手段构建了比较完善的全国性生态环境监控网络。通过卫星、无人机、雷达、地面和水下传感系统，构建了一套覆盖全国的生态环境质量监测体系，通过这套系统能对德国温室气体排放、土壤重金属状况、空气质量、降水量、水质、污水处理和地下水道系统等进行全时段全过程监测。

2. 促进生态民主

环保科技不仅为德国的生态环境治理现代化奠定了科技基础，而且还有效地促进了生态民主建设。德国通过充分发挥各类治理主体的主动性，构建了政府主导、企业主演、公众参与的协同治理模式，充分发挥了企业、公众在生态环境治理过程中的积极作用，取得一系列良好的治理效果。如在20世纪90年代，德国政府充分调动主要河流流域两岸居民参与生态环境治理，促使两岸的公众和企业加入政府的环保基金，成立多方参与的股份制管理机构，对该河段生态环境问题负责。政府负责常规基础设施投资，股份管理机构则负责日常设施维护，相关企业根据"谁污染谁治理"的原则支付对应的治理费用。同时，德国还充分发挥大众媒体和非政府组织的独立性，充分调动大众媒体在普及环保知识与监督政府环保行为等方面的积极性。

（二）德国生态环境治理体系现代化的经验总结

在生态环境治理方面，德国政府将环保、绿色纳入政治纲领，通过宏观指导和严格的制度保障环境管理的效率和民众环境权利的完整性。而对于政府在环境公共产品市场失灵方面的缺陷，德国也是通过第三方的参与来弥补修正，进而整体上达到政府与公民社会的环境共治目标。"严"政府+"强"第三方，形成了德国生态环境治理的鲜明特征。

1. 民间自觉的环保意识和政府的系统性环境教育，支撑民众充分参与环保德国人的环境意识是由惨痛的环境灾难和深厚的崇尚自然的文化相碰撞而演化出来的。德国民间有强烈的环保责任感。德国很多环保志愿者协会都是自发成立的，致力于广泛的公益环保领域。也有一些产业和私人公司在意识到自愿协议和环境管理措施的好处后，积极参与这些措施的实施，纷纷加入节约能源和自然资源的队伍。在德国，公众和新闻媒体对环境问题都高度关注。为了方便公众监督，环境监测部门每年都向管理部门提交监测公报。监测公报中，列出了超标企业的名录。这些监测成果是公开的，公众可以方便地获取或在网上查找，以接受监督，满足公众对环保的关注要求。

2. 生态科技融入生态环境治理和教育体系，推动形成环保社会的氛围

德国政府应对环境恶化，本着务实的态度，不仅仅制定法律政策，而且切实推动环保生态技术发挥治理、监管生态环境和提升民众素质的作用。正因为生态技术的学习和应用，民众对环保更有切实体会，更易使环保成为日常的行为标准和基本的素养。

3. 严格、完善的环境执法监督体系

环境执法监督是保证环境治理成效最重要的环节。为了加强环保执法，德国设立了环保警察，环保警察除通常的警察职能外，还有对所有污染环境、破坏生态的行为和事件进行现场执法的职责。环保警察承担环保现场执法工作，充分发挥了警察分布范围广、行动迅速、有威慑力等特点，极大地增强了环保现场执法的力度，保证了执法的严肃性和制止环境违法事件的及时性。

三、日本生态环境治理体系现代化的主要举措及经验

（一）日本生态环境治理体系现代化的主要举措

日本生态环境治理与德国有着类似的经历，经过了本国工业化污染治理阶段与参与全球生态环境治理阶段，治理举措则从起初单一的行政命令控制型逐渐转向包括社会、公众共同监督在内的多方综合治理。

1. 环境影响评价制度

日本的环境影响评价制度是在长期的环境污染治理中通过逐渐探索与实践而形成的。20 世纪 70 年代以来，日本面临不断恶化的生态环境问题以及相应环境制度缺失的困境；为解决这一现实问题，日本于 1972 年通过《关于各种公共事业的环境保全对策》法案，要求相关国家机关承担相应的公共事务，必须对开展的各类项目进行环境影响评价，调查环境可能造成的破坏以及程度，研究制定生态环境破坏的预防方案和修复措施。

日本环境影响评价是分阶段执行的，主要分为准备书制作前的各项准备程序、准备书、环境影响评价书以及评价书的公示程序等阶段。日本的环境影响评价在某种程度上体现了多元参与的特点，相比于政府严格主导的模式来说，更加有效果。政府作为生态环境管理部门负责审核与批准各类环境工作，公众更多是在项目环境评价过程中参与，对不同阶段性环评报告提出意见与修改措施，从而推动报告进一步完善。但日本的公众参与有一定的限制，主要在于环境影响评价报告出台的前期阶段，即在环评方法书和环评准备书的阶段可以提出各项意见；但是，在环境影响评价书的公布及阅览后阶段并没有提出意见的权力，即在各类项目审批阶段，环境影响评价书已经向公众公示，公众有知情权，但对环评决策结果没有影响力。

2. 污染物释放与转移申报制度

污染物释放与转移申报制度英文简称为 PRTR，是为了对特殊化学污染物进行更为严格的管制而实施的一种制度，它要求企业将特定化学污染物排放、转移可能对生态环境的影响进行对应的报告与登记，并将相关数据信息及时向社会公开。日本政府在 1999 年 7 月颁布了《关于掌握特定化学物质环境释放量以及促进改善管理的法律》，建立了特定化学污染物排放与转移强制申报制度。进入 21 世纪，随着日本国内化学产业的转型，对该法进行了修订，要求企业排放化学物质时需要向生态环境主管部门自我评估排放总量。同时，新修订的法案，还要求企业在经营活动过程中，需要使用 PRTR 物质清单中规定的第一类指定化学物质，并且使用数量超出政府规定的数量时，必须向生态环境主管部门进行申请与登记。

在具体执行上，日本环境省与经济产业省两个部门联合负责 PRTR 制度的实施工作。企业经营者、生态环境主管部门、社会公众是 PRTR 申报链条上的三个主要主体，它们各自发挥着不同的作用。企业经营者首先要对生产过程中可能会使用的特定化学物质的排放量与转移数量进行评估，然后将信息提交至所在都道府县的地方生态环境主管部门，生态环境主管部门将区域数据再提交至相应的中央政府主管部门，由其将全国的数据进行汇总分析，最终向社会公众公开具体情况。日本 PRTR 制度运作的基本流程如图 6-1 所示；

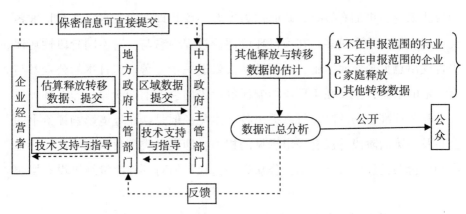

图 6-1　日本污染物释放与转移申报制度实施流程

3. 环境损害评估与赔偿制度

日本的环境损害主要围绕企业生产经营活动对人体健康及生产生活环境造成的相关损害（即"公害"）展开。日本的环境损害评估与赔偿制度经历了从传统笼统法逐渐向环境专项法、从身体健康损害赔偿向严格身心结合的环境健康责任、从起初的被动健康损害救济向环境污染预防转变的历程，现在已经形成了比较健全的环境损害应对与预防机制，这对及时救济因为环境污染而受害的人，起到了重要作用。

日本的环境损害主要针对重要环境事件中大规模的公众健康损害而

言，涉及相当范围的局部性或者全域性生态环境污染问题，要求国家行政机关对公众健康与财产损失采取紧急应对措施。环境损害事件一旦确定，生态环境污染造成损害一方诉求的处理包括赔偿损失金额、停止侵害行为、赔偿未来预期可能的损失等。

日本的环境损害与健康赔偿体系分为三部分，一是特异性疾病患者健康赔偿救济体系，二是非特异性疾病患者健康赔偿救济体系，三是石棉致疾病患者赔偿救济体系。对于特异性和非特异性疾病的判定流程是：首先由受害人或者受害人委托人提出申请，然后通过二级医疗机构的医学初步检查、医学专家复审、政府做出最终裁决等方式进行鉴定，最后通过鉴定后，才能依据《与污染相关的健康损害的赔偿和防治法》启动损害赔偿。对于非特异性疾病而言，赔偿费用不仅包括就医期间实际发生的医疗救治费用，而且还包括对应的生活补偿费、公害保健福利费以及务工费等。

（二）日本生态环境治理体系现代化的经验总结

日本在面对突发生态环境问题方面，有着自己的应急响应机制，能够快速应对各类复杂的环境危机，但也存在因介入过度，导致扭曲生态环境领域“市场失灵”的问题。就是这一问题的存在，致使日本民众对环境的维护具有比较强烈的参与性。

1. 成熟的公众参与机制

日本从政策上鼓励公众参与生态环境治理，已经成为日本环境治理的显著特征。长期以来，日本在法律中明确公众的环境权并保障其权利。日本各项环境政策的制定及其实施效果，与公众环境意识的增强是息息相关的。

2. 经济与环境和谐发展，环境产业成为经济发展的重要动力

20 世纪 70 年代以来，日本整体国家政策不再强调经济优先的原则，而是积极促进产业与环保的融合与协调。在国家发展战略上消除了重视经济发展而忽视生态环境保护弊端，逐渐形成了经济发展能够以生态环境保

护为基本底线的发展方针，促进了日本的经济产业结构的优化以及绿色生态技术的高速发展。80 年代后期，随着全球环境危机的加剧以及本国环境问题的突出，建立可持续发展的社会经济体系已经成为日本的当务之急。这时日本的环境产业已不限于与防止环境公害相关的产业部门，而是扩大到所有可能会增加环境负荷的产业部门。

3. 充足稳定的环境治理资金支持

日本政府较早形成稳定环保资金支持机制和来源，对生态环境治理现代化的推进提供了极其重要的资金保障，这为各类环保产业的高速发展以及经济发展方式向循环经济转型的实现提供了强大支撑。具体来说，日本环境保护主要的资金来源包括税收、补贴与融资等。在环境税上，日本利用税收促进企业废弃物减量，同时将征收的环境税税金全部用于废弃物的循环利用以及废弃物处理设施购买与维护上，从而促进环境产业的持续发展。在补贴上，日本通过政府财政补贴方式支持绿色生态技术的研发与应用，推进相关产业的快速发展。在环保产业融资上，日本通过优惠的融资条件支持环境产业的发展。例如，日本政策投资银行实施了"促进环境保护型经营"制度，通过运用绿色分级系统将企业环境责任进行分级，筛选出环境保护表现优秀的企业，给予贷款优惠，从而提高了这些优秀企业积极投入环保产业发展的积极性。

第二节　国外生态环境治理体系现代化对湖北的启示

从美国、德国、日本三个国家的生态环境治理体系现代化经验来看，都是以相应的理论指导生态环境治理，并积极处理好经济发展与生态环境治理的关系，充分发挥公众的作用，建立健全相应的制度。因此，湖北在推进生态环境治理体系现代化过程中，要积极借鉴先进国家的经验，落实好高质量发展理念，促进经济发展与生态保护和谐共生，引导公众参与生态环境治理，不断完善生态环境治理的政策法规。

一、落实高质量发展理念

美国、德国、日本在生态环境治理现代化过程中，可持续发展理论在这些国家的生态环境治理中起到了相当大的理论指导作用。而高质量发展理念，作为可持续发展理论的延续与升级，贯穿了可持续发展理论的方方面面，为实现湖北生态环境治理现代化提供了理论支撑。湖北落实高质量发展理念，需要始终坚持生态优先、绿色发展的导向，坚持全省共抓大保护、不搞大开发的方针，推动长江经济带与汉江生态经济带高质量发展。同时，积极融入全国新发展格局中，坚持把修复长江生态环境、主要湖泊生态环境放在首要位置，强化山水林田湖草等各种生态系统与生态要素协同治理，努力探索建立生态产品价值实现机制，确保生态资源保值增值。坚持以推动高质量发展为全省经济社会发展主题，把高质量发展理念贯穿发展全过程和各领域，提升全省产业体系含绿量，积极探索绿水青山转化为金山银山路径。建立生态环境分区管控体系，全面实施具有湖北特色的环评审批和生态环境执法监管两个正面清单，推进碳达峰碳中和，积极应对气候变化与生态环境保护的统筹融合、协同增效，高质量建设全国碳排放权注册登记系统，持续深化碳排放权交易试点与碳市场建设，加大对工业、能源、建筑、交通等领域温室气体排放控制。

二、促进经济发展与生态保护和谐共生

促进经济发展与生态保护和谐共生，关键在于如何正确处理好生态环境保护和经济发展的关系。良好的生态环境本身就有着巨大的价值，可以不断创造经济社会生态等综合效益。因此，湖北应该高度重视生态环境保护，坚持人与自然和谐共生，把生态文明建设和生态环境保护两者统一起来，以改善生态环境质量、修复生态系统为核心，以长江汉江大保护为重点，以创建生态文明示范区为目标，奋力打好污染防治攻坚战，协调推进生态环境高水平保护与经济高质量发展；发挥生态大省优势，强化生态承载功能，建设中部绿色崛起先行区，深入推进长江大保护，加强生态环境

综合治理，推动减污降碳协同增效，加快全面绿色转型，筑牢生态安全屏障，推动湖北在中部地区率先实现绿色崛起。同时，强化统筹融合协同增效，切实加强温室气体与大气污染物协同控制。着力控制工业重点企业、农业重点领域温室气体排放，强化对二氧化碳排放管控，促进降碳减污协同增效。

三、引导公众参与生态环境治理

推进生态环境治理现代化需要公众的参与，因此，保障公众充分参与生态环境治理的权利，可大大提升生态环境治理的监督效率并推动治理目标的实现。美国、德国、日本在生态环境治理过程中，都强调公众参与的重要作用，出台了有关法律保障公众权利。积极推动公众参与生态环境治理，不仅有利于维护公众的环境权益，而且还有利于创新生态环境治理机制并提升生态环境治理能力，进而建立健全生态环境治理体系。在开展生态文明建设的新发展格局之下，湖北推动公众参与构建现代生态环境治理体系，需要多措并举，促进公众参与意愿、能力与水平的提升。

首先，要加强环境治理宣传动员，推进公众理性积极地参与生态环境治理过程。政府需要建立科学的宣传动员措施，积极推动形成公众参与与政府主导、企业主演的良性互动格局。在互联网时代，湖北应该有效综合运用传统媒体和新媒体，及时解读政府出台的各项环境政策，积极传递好环境信息，满足好公众对生态环境的知情权、参与权、表达权和监督权。同时，应调动湖北的各级环保民间组织力量，充分发挥它们在开展环境教育和宣传以及引导公众科学理性参与环境治理等方面的优势，成为宣传动员生态环境治理体系中的重要成员。

其次，畅通公众环境保护诉求表达机制。随着公众生态环境保护意识的逐渐提升，公众对各类环境问题更加敏感。各类环境保护活动中，公众维权的现象屡见不鲜。在处理环保案例中，公众主要通过向媒体曝光、向环保部门投诉或信访以及同破坏生态环境的企业交涉等形式来表达自己的诉求。近年来，大多数环境群体性事件的发生，多半是因为信息未能有效公开，公众诉求无法得到有效表达所致。因此，要通过建立有效的公众诉求表达以及反馈的互动机制，解决生态环境事件中公众缺失的问题。

最后，完善生态环境治理的法律保障。公众参与生态环境治理中有关的生态民主、生态法治以及生态正义等基本价值，需要通过法律制度予以保障方能实现。通过构建一套科学立法、严格执法和全民守法的法律体系，将公众参与构建现代生态环境治理体系纳入法治化轨道中来。在立法方面，需要进一步明确公众参与生态环境治理的基本权利和应尽义务，并细化其参与途径、形式。在执法方面，生态环境部门、司法机关、检察机关等要依法行政、秉公执法，决不能在生态环境治理的过程中徇私枉法，侵害公众的环境利益。

四、完善生态环境治理政策法规

制定严格的生态环境治理政策法规并根据不同时期的环保要求，不断修订完善。美国、德国、日本都十分重视在生态环境治理领域的立法，希望通过进一步完善各项法律法规使生态环境治理有法可依，各项环保政策措施具有合法性和权威性。湖北生态环境治理政策法律应该在借鉴发达国家的基础上，依托湖北的实际情况，强调可操作性，积极出台配套的生态环境治理的各项规章制度。具体而言，湖北必须改革创新生态环境治理的各项体制机制。通过营造有效的生态环境治理体制机制和政策环境，保障生态环境治理现代化的有力实施。一方面，健全生态环境治理的科学民主决策机制，保障公众依法参与环境治理的合法权利，依法严格遵守民主决策程序；另一方面，实行最严格的耕地保护制度、水资源管理制度、环境保护制度和生态保护红线管理制度，坚持生态环境的治理标准不放松，把好治理关口，探索从产业生态化、经济结构调整、项目投资等源头上严控资源环境破坏的产生。同时，建立健全生态保护责任追究制度、环境损害赔偿制度和环境损害责任终身追究制度，用生态保护制度红线守住绿色发展的底线，用生态治理的制度红利保障绿色发展行之久远。

第七章　湖北省域生态环境治理体系现代化的机制设计

第一节　优化生态环境治理的决策机制

在生态环境治理中，决策机制是否科学，在很大程度上关系到生态环境治理措施能否得到有效落实，影响到当地社会、经济能否可持续发展，甚至涉及群众利益是否可以得到实现。目前，湖北各级政府在决策方面总体上适应了社会发展的需要，符合大生态保护的初衷。但是在市场经济条件下，特别是在全球化、信息化的大背景下，生态环境治理的决策机制在公开化、科学化和程序化等相关方面的规范等还存在不少问题。因此，在市场经济条件下，生态环境治理的决策机制的创新势在必行。

一、健全环境专家咨询和论证机制：决策科学化

在理性决策中，专家咨询决策方法是研究判定生态环境治理政策时经常采用的一种有效的方法。生态环境治理政策作为协调经济发展与资源环境保护之间矛盾的宏观调控手段，其主要特点是问题具有高度错综复杂性、含有某些不确定性和存在多种价值观。因此，在进行生态环境治理政策方案最终决策之前，应该邀请相关领域权威专家进行咨询、调查与认证，通过政策研究人员与主要领域的专家和技术型决策管理者的理论、信息、经验交流，及其对不同价值观、不同视角和评判标准的讨论，可使政

策本身的错综复杂性、某些不确定性和评价人价值观差异对政策决策的不利影响得到较好的解决，并从基本一致的评价中认同政策方案的科学性和可行性，从而起到准决策的作用。生态环境治理政策决策流程如图 7-1 所示。

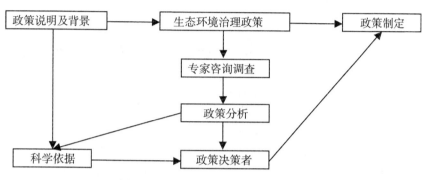

图 7-1　生态环境治理政策决策流程

政策研究编制人员根据一定的理论和大量背景材料编制的环境政策方案，既体现了研究人员的创造性成果，也是前人和他人的理论与实践经验的集成，形成了专家咨询的基础和决策的蓝本。由具有代表性、权威性的专家、学者和拥有政策执行管理经验的技术型领导干部组成的三结合政策咨询群体，不仅可组成互补性很强的智力合成队伍，而且都站在政策研究编制者之外的客观立场，从而保证了咨询意见的科学性和整体性，为进一步向政策决策者提出准政策的科学依据创造了有利条件。

当然，决策的科学化还有赖于专家系统自身信誉的不断提升以及不同领域专家系统地合作。这就要求专家系统承担更多的公共责任，加强自律，促使权力和市场化的利益纽带更彻底地分离开来，从而真正做到专家意见的客观中立，而不是对领导意见的辩护和注解；同时，在更加精细的专业化分工基础上，加强更多不同学科领域之间专家系统的合作，从而摆脱狭窄的学科视野和专业壁垒给决策者带来的"理性的盲目"，从实质上帮助提升政府生态环境治理决策的科学化水平。

二、建立严格的决策程序：决策规范化

生态环境治理政策的决策过程应该是一个严格、缜密的过程，并通过制定相关的制度法规对环境决策程序加以规范。生态环境治理政策决策应遵循的基本程序如图 7-2 所示。

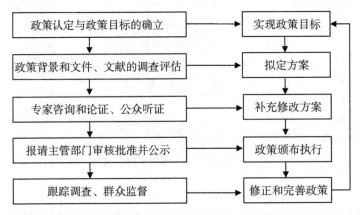

图 7-2　生态环境治理政策决策基本程序

在生态环境治理政策认定与确立目标时，要在充分调查的基础上，根据全省生态环境问题的实质和现实情况及其成因，有针对性地、切合实际地制定解决生态环境污染问题的方案。在拟订决策方案时，应紧紧地把握生态环境治理政策决策的目标，特别是通过建立和实行公众听证、专家咨询和决策论证机制，规划多种可行性方案。在制定决策时，对各种拟订方案进行预测性评估和可行性评估，制定出最优化的决策。在决策执行前，政府要按照法律、法规的规定，向社会公开表明自己的职责范围、决策目标、决策内容、决策程序和惩戒方法，做到政策公示，以提高决策的效率和质量，提高政策的透明度，并报请主管部门审核批准。在决策执行过程中，要进一步了解执行客体，并对决策进行反馈修正，随时捕捉情况的变化，采取应变措施，及时处理和解决执行过程中出现的各种问题。在决策执行之后，要及时反馈决策实施的效果和结果，并尽可能地对决策进行复

议，即在政府决策方案执行后但又未完全终结时，对其进行跟踪评估。

三、完善决策制约机制：决策责任化

现代社会生态环境决策的复杂性和不确定性的增加，使环境决策即使是遵循公众参与、专家咨询和论证规范的程序，也难免会有失误。保证决策的民主性和科学性，就要有决策失误后及时的纠错机制。构建决策失误的纠错机制，就必须建立和完善决策的责任追究制度，这是减少政府生态环境治理政策失误，创新政府在生态环境治理中环境决策机制的一个重要举措。

第一，健全政策决策的责任认定机制。当一个环境政策出现重大失误或导致严重后果时，由于没有明确的政策决策责任认定机制，所以会出现无人负责的现象，有时甚至导致随意决策、重复决策现象的发生。因此，必须建立健全决策失误的责任认定机制，按照责权一致、责权相等的原则，明确决策系统与其他系统的权力和责任。

第二，健全政策决策责任追究的程序。程序是规范责任追究行为的方法和步骤，它应该由责任追究的方式、步骤、时限、顺序等要素构成。责任追究的类型大体有两种：决策失误后的被动追究和决策效果评价后的主动追究。在政府生态环境治理决策实施过程中，决策失误一旦被发现，就必须由有关部门启动追究程序，追究此事的参与者、决策者和执行者的责任。要根据决策失误的严重程度、做出该项决策时的决策圈大小及在决策中的态度，做出不同的处理。追究具体责任时，关键是把握好追究标准，要根据职务、决策类型、失误后果严重程度来确立不同的责任标准。

第三，要实行完备的决策责任追究制度。重要的是对决策责任要做定性、定量评估，要能够分清不遵守程序的责任、程序执行质量不高的责任、决策者资格不够或素质不高的责任、对决策方案判断或选择不当的责任等。这就需要对于环境决策所需的各种包括人力、物力、财力投入，要做好客观、细致、准确的核算，对环境决策的效益形成完整的评价体系。

第二节　规范生态环境治理政策的执行机制

生态环境治理政策只有真正得到有效贯彻执行，才能实现保护生态环境的目标，也才能体现其引导、约束、协调的基本功能和政策本身应有的价值。否则，再好的生态环境治理政策，如果贯彻执行不力，或被束之高阁，其预期目标也难以实现，或者"不完全执行，于我不利的话就不执行"，使政策碎片化。实践表明，以往在执行某些政策的过程中，由于种种原因，如舆论宣传乏力、资金不到位、地方保护主义作怪等，致使生态环境治理政策得不到真正贯彻，政策目标难以实现，甚至在"上有政策，下有对策"的严重干扰下，原有的政策变形走样，产生一系列违背国家政策的不良后果。要提高生态环境治理政策执行效率，必须优化执行机制。

一、生态环境治理政策执行的资源化

许多生态环境治理政策的执行和落实，都离不开必要的资金、人才、信息和技术等政策资源保证，否则，政策的实际行动和政策目标的实现将会落空。在提供这些生态环境治理政策资源的过程中，不仅存在政策执行者和政策受控者的责、权、利问题，还与市场经济条件下投资主体或信息、技术提供者的权益分配直接相关。因此，有必要考虑相关政策的执行问题。比如，在企业和其他开发者执行治理环境污染和生态破坏的有关政策时，生态环境治理政策执行者和监督者——地方环境保护管理部门，有责任组织协调所辖地区的政策受控者在执行上述政策过程中解决种种实际问题，诸如从环境专项资金中安排一定数额的优惠贷款，为有效治理环境污染、进行生态修复提供信息服务，推荐相应的技术，按该地区生态环境综合治理以及规划的要求确定重点治理对象与污染物消减量的分配等。

二、生态环境治理政策执行的透明化

一般而言，政府制定的生态环境治理政策应该代表多数人的当前利益和社会发展的长远利益；因此，很有必要增强生态环境治理政策执行的透明度，政府应向社会公开自己的执行范围、执行内容、执行标准、执行程序、行为时限和惩戒措施，自觉接受社会监督，从而提高执行效率和质量。生态环境治理政策执行的透明化是政府公正行使权力的要求。一是公开执行依据，即通过各种公示手段，将政府的环境决策目标、目的和意义及各部门的法律、法规告知办事者；二是公开执行的程度，公布实施某种法律、政策行为需要什么条件和程序；三是明确收费项目以及标准；四是公布具体的办事期限。

采用这种提高生态环境治理政策执行透明度的方法，一是有利于广大人民群众关心生态保护，唤起社会成员的社会责任感；二是生态环境治理政策透明之后，可以防止基层政策执行者变相执行政策，使其始终处于社会舆论的监督之下；三是政策受控者在同样的舆论监督下，多数人能够比较自觉地履行自己的义务，同时也明确其合法权益应受到政策的保护；四是可以促进政策的研究制定者认真对待科学决策和民主决策，提高政策本身的质量；五是便于国际社会了解湖北各级政府的生态环境治理政策态度和政策效能，加强国际环境保护的合作和交流。

三、生态环境治理政策执行的规范化

规范的程序性执行，一般包括决策、政策及法律法规的传播，组织准备，组织实施，执行沟通，执行反馈以及执行评估等环节。环境决策、政策及法律法规的传播通常可以通过下发文件、口头传达、会议宣告等多种渠道来完成。组织准备是环境决策、政策、法规具体贯彻落实的保障机制。组织功能的发挥情况，直接决定着执行目标的实现程度。组织准备中首要的任务是确定执行机构，常规性、例行性政策及法律法规的执行，应由常设的执行机构来执行。但如果遇到非常规性或者涉及全局性问题的重大决策指令，则可组建临时执行机构，但在决策目标实现后应予以撤销。组织准备的一项重要内容是善于选人用人，做到人尽其才、人尽其能、人到其位。组织准备还需要制定必要的管理法规，包括目标责任制、检查监督制、奖励处罚制，使得执行工作责任明确，追究有据。组织实施是上述具体化过程的进一步深化和展开，是决策、政策及法律法规执行的中心环节，它直接关系到执行目标能否实现。

一般来说，非常规性或者涉及全局性问题的重大决策指令可以采用"先试点，后推广"的办法，通过试点，总结经验，吸取教训，相互借鉴，逐步推广。执行沟通是政策执行成功的要点之一。执行沟通主要包括环境政策执行部门内部各个机构之间的相互沟通和环境政策执行部门与目标群体之间的沟通。前者是指政策执行过程中各级组织人员之间发生的信息交流和传递的过程，是对政策目标及其相关问题获得统一认识的方法和程序。后者则是指政策执行组织要与其他社会组织和社会公众交流政策信息、密切联系，形成良性互动关系的过程。执行反馈也是决策、政策及法律法规执行的重要环节。由于对某一种决策或政策的意义理解不足，或对问题的严重性考虑不足，或对决策或政策方案执行的应有力度认识不足，使行为效果偏离了决策、政策目标，并产生了不良后果。这就需要湖北各级政府决策层反馈执行信息，并根据情况和形式的变化，及时修正、更新决策或调整执行方式或方法。

第三节　构建生态绩效管理机制

生态绩效管理机制的关键就在于改变原有的政绩考核方式，把生态环境指标纳入整个政府管理的考核体系，并用法律或制度的形式确立其合法性和权威性。这种绿色政府绩效考核指标以可持续发展为主要目标，以绿色发展理念为指导，以科学化、规范化和可操作化为原则，在推动和鼓励经济发展的同时，着眼于环境污染问题和生态系统的保护。湖北以往在政府绩效方面，更加偏重于经济社会效益的提高，却忽视了生态效益的改善。改革开放以来，湖北的生态环境日益恶化，这和全省生态绩效管理机制的定位有着一定程度的关系。对此，湖北在推进省域生态环境治理现代化过程中，必须构建新型的生态绩效管理机制。

一、构建绿色 GDP 绩效评估体系

在传统的以 GDP 为核心的政府绩效管理模式下，片面强调经济发展指标，造成了目前湖北运行的 GDP 国民经济核算被人为地夸大了经济效益，它是以资源的急剧消耗和环境的严重退化为代价的，必将导致真实的居民生态福利大为减少，因而必须要改进国民核算体系。政府绩效评估的难点不是评估的方法和主体，而是评估的内容即评估指标的设计。政府绩效评估的指标设计和选择体现了政府的目标和绩效计划以及考评目标的实现。由于引进了生态环境方面的评估标准，因而它比传统的以 GDP 为核心的政府绩效评估指标具有了更高的要求。具体而言，将生态环境治理引入绩效评估所需要的指标是政府绩效评估指标体系的重要部分。构建和完善绿色 GDP 绩效评估体系应从以下四个方面加以设计。

（一）经济指标

经济指标是基于生态环境治理的成本和效益来设计的，是评估绩效时首先要考核的内容，大到生态环境治理系统，小到一个层级、一个部门、一个项目都应该进行行政成本核算。政府生态环境治理是维护生态平衡，改善环境质量，限制人类损耗与破坏生态的行政活动。在具体行政时应该考虑行政成本考核，而不是一味加大生态环境治理力度而忽视生态环境治理的效果。生态环境治理绩效评估的经济指标要求以尽可能少的投入来维持政府管理和行政服务活动正常运行。政府进行生态环境治理过程中，要计算实际投入的人力、物力、财力、时间、技术等的数量和质量，将预算投入和实际投入、预期管理效果和实际达到的管理效果进行比较，将同时期生态环境治理成本、效果与其他地区和国家的生态环境治理成本、效果等进行多方位的纵横比较，从而找出不足与缺陷，借鉴其他地区与国家的经验，为将来更好地促进经济发展、社会发展与生态环境治理做好充分准备。行政成本考核中，每年预算投入的多少成为成本指标的核心内容。将收支两条线、行政费用全部纳入政府财政，进一步显现成本考核

指标的意义。

（二）生态指标

在生态环境质量指标设计中，民众对于生态环境质量的满意程度、公众环境质量评价、群众性环境诉求事件发生的数量、饮用水质量变化、森林覆盖增长率、空气环境质量变化、自然保护区占地率、工业废水排放达标率等都应当作为重要指标。除此之外，生态环境质量指标设计必须考虑采取生态修复工程后被破坏的生态环境的修复程度，将这一思路列入政府生态政绩考核任务，就可以促使各级政府对生态环境中被破坏的部分进行修复，从而逐步改善生态环境质量。

（三）效果指标

生态环境治理的效果是政府绩效评估的重要内容，它反映和体现出政府根据生态环境治理的特点和规律进行生态环境治理的努力程度。通常而言，生态环境治理的效果指标包括环保投资增长率、环境损益减量指标、资源消耗数量指标、三废处理率、清洁生产工艺采用率等方面的因素。这些因素用来考核生态破坏和环境污染是否受到了限制以及受到了何种程度上的限制；政府为生态环境治理做出了哪些努力，在哪些地方仍然需要改进，环境质量是否有所提高，民众对于环境质量改善的满意程度如何，等等。这些都是为衡量生态环境治理绩效评估指标而进行的设计。对于环境行政而言，效果指标考核的内容是"污染问题、环境破坏是否被限制及环境质量情况是否得到改善"。这是衡量生态环境治理绩效的最重要指标，是政府服务实现目标程度，即政府管理对公民、法人和其他社会组织及标的团体的状态和行为的影响，如公民环境意识的提高程度、人民群众对环境质量改善的满意程度、环境政策目标的执行成果、环境行政执法成效等。在目前情况下，由于生态测量技术和方法等多方面的限制，在生态环境治理绩效管理中关于效果指标的很多因素是难以进行量化和界定的。

（四）社会公平指标

社会公平指标是市场无法调节和衡量的，生态环境治理则是为社会公众提供公共服务。公平指标是就接受生态管理服务的团体和个人所质疑的公正性而言的，包括个人公平、团体公平、机会公平和代际公平。在生态环境治理过程中，政府必须将社会公平作为应当追求的核心价值。这就意味着，政府在实施生态环境治理过程中要保证不同团体、群体和个人都能够享受到相应的服务，保障弱势地区和弱势群体的正当生态权益；对于经济水平偏低、生态资源丰富的神农架林区与恩施州等地区，政府应采取重点保护措施，积极引导其发展生态经济，而对于生态破坏严重的长阳县等地区，则应当以当地民众的生活和环境质量为首要出发点，在政策和资金投入等方面采取倾斜的方针政策，引导和支持当地的生态环境治理工作。同时，在有关企业的污染排放和治理污染物品方面，政府环保部门更应当公平执法，只要相关企业达到法定的要求就应该依法发放排污许可证，而没有达到相应环保要求的企业就没有资格领取排污许可证。

二、健全领导干部自然资源资产离任审计制度

自然资源资产离任审计是一个新兴的交叉学科研究领域，是环境审计与经济责任审计深度融合的产物，是一项具有中国特色的自然资源资产监管制度。在编制自然资源资产负债表和合理考虑客观自然因素基础上，逐步建立地方领导人员自然资源资产离任审计制度，积极探索领导干部自然资源资产离任审计的目标、内容、方法和评价指标体系。以领导干部任期内辖区自然资源资产变化状况为基础，通过审计，客观评价领导干部履行自然资源资产管理责任情况，依法界定领导干部应当承担的责任，加强审计结果运用。

一方面，督促领导干部切实履行自然资源资产管理和生态环境保护责任。审计部门要关注当地大气、水、土壤等领域污染防治攻坚战实施情况，土地、水、森林等自然资源保护情况，关注重大公共投资项目建设运

营过程中对生态环境的影响情况，生物多样性保护、天然林保护、植树造林、矿山治理等重要生态系统保护和修复重大工程实施情况，生态保护红线、永久基本农田、城市开发边界三条控制线划定情况；着力揭示落实相关政策措施不到位、监督检查不力、效果不明显、决策与生态环境、自然资源方面政策法规相违背等问题。落实最严格的生态环境保护制度，积极推动问责追责，促进领导干部切实履行自然资源资产管理和生态环境保护责任。

另一方面，推动解决自然资源资产和生态环境领域突出问题。审计部门要紧紧围绕人民群众日益增长的优美生态环境需要，从水资源、耕地（土壤）、生态林（经济林）、各类矿产资源等人民群众生产生活最为密切相关的资源环境领域，群众最关心、反映最强烈的"短板"和"弱项"入手，严肃揭露重大环境污染、重大资源损毁、重大违纪违法问题，关注各乡镇各部门执行自然资源保护和环境治理措施是否切实可行，有无存在政策难以实施而流于形式的问题，推动地市州重污染天气多发、饮用水安全保障不力、固体废弃物和垃圾处置不安全等问题的有效解决，推动重点地区、重点行业、重点单位有效防控生态环境安全隐患，推动全省有关绿色生产、绿色消费、低碳循环、节能降耗、清洁生产等体制机制建立健全和改革完善，切实提高湖北生态环境治理效果。

第四节　建立市场化多元化生态补偿机制

湖北作为全国重要的生态功能区，通过限制传统行业的发展来维持绿水青山，为改善全省乃至全国的生态环境做出了巨大贡献，同时也做出了巨大牺牲，需要对在经济社会发展过程中为保护生态环境而做出牺牲的地区、组织或个人进行相应的补偿。而生态补偿机制作为保护自然资源生态效益的一种手段和激励方式，有利于调整自然资源生态效益提供者和使用者之间的利益关系，从而推进湖北省域生态环境治理体系现代化的实现，最终使更多人民群众能够享受到生态福利。但是，现有的生态补偿多以政府实施为主，依靠单一的财政作为补偿，存在补偿形式单一、补偿标准偏低、补偿效果不佳等诸多问题。对此，需要改进当前的生态补偿模式，建立一个企业、社会、政府多元参与的市场化多元化补偿机制。

一、健全资源环境产权交易制度

生态补偿反映的是一种经济利益关系，而现代社会的经济利益关系的基础是产权关系。如果在生态产品产权明晰而且交易成本较低的情况下，就可以通过生态保护区与生态受益区之间的协商，通过水权交易、碳汇交易、排污权交易等市场化手段将生态保护的经济外部性内部化。从制度角度看，生态补偿机制要建立在环境产权制度的基础之上，资源环境产权最重要的功能是产权界定和产权利益分配。大江大河流域多元主体的产权关系复杂，目前难以通过市场交易形式实现。因此，以生态补偿形式保障区域间、流域内环境产权实现，便成为必然而可行的选择。而以资源环境产权为突破口积极探索市场化生态补偿模式，建立生态服务的市场交易制度，有助于完善生态补偿长效机制。

资源环境产权是指行为主体关于环境资源的占有、使用、转让和收益等的一组权利，即环境参与主体对客体享有的所有权、使用权、占有权、支配权、收益权、处置权等权利，其中，占有权应为第一要义，使用权、可转让权和收益权是核心内容，获得收益是环境产权的最终目的。生态环境问题是一个集自然、经济、社会等诸多问题于一身的复杂问题，资源环境产权是社会发展到一定阶段的产物。在推进生态文明建设、全面建设现代化进程中，资源环境产权的提出在解决生态环境问题中发挥着重要作用。

资源环境产权使用的时空性体现在同一区域内的环境产权必须在本区域内、在规定的时间段内分散使用，不能跨区域使用、不能在某一时间点集中使用。以水污染为例，水污染主要对本地区或者下游地区造成严重危害，这种资源环境产权的空间性要求某一区域内的水污染排放权只能与同区域内的其他排放主体交易，不能跨区域交易。

资源环境产权制度创新就是生态利益重新分配的过程，环境资源稀缺性是研究生态利益协调的根本原因，而资源环境产权制度创新是扩大环境资源供给的根本手段。实现生态利益协调的关键是通过资源环境产权界定制度创新推动资源环境产权配置制度创新，实现资源环境产权交易制度创新，这三者的创新需要资源环境产权保护制度创新的跟进，最终实现资源环境产权制度创新。

二、加快完善重点领域生态补偿

耕地、森林、草地这些区域所提供资源"产品"本身的投入产出经济效率相对较低，但其生态效益却很大，不仅服务于各种自然资源的经营者，还通过外部性服务于社会公众。只有给予各种自然生态功能的提供者一定补偿，才能确保被补偿区域生态产品产出能力持续增强，以生态保护补偿助推生态建设、生态环境综合治理，形成与生态建设和生态环境综合治理的良性互动。

（一）耕地

耕地是人类不可或缺的自然资源，在耕地的利用上，人们往往只关注耕地的经济属性，对于耕地的社会属性和生态属性的关注还远远不够。湖北作为全国13个粮食主产省份和水稻主要产区之一，为了严守7288万亩耕地红线，托住全国18亿亩耕地红线底盘、夯实粮食安全根基，做出巨大贡献。但是，随着城镇化的不断推进，导致了土地的功能性消退与总量减少，一是可用于耕作的耕地总量减少，二是耕地质量的下降。长期以来，缺乏农村耕地生态保护的奖励机制和约束机制，使人们主动保护农村耕地生态环境的积极性降低，从而造成湖北农村地区耕地生态环境恶化程度不断加深，耕地生态功能被严重削弱。保持耕地地力水平，维护耕地生态环境安全成为当务之急。

耕地的生态补偿是实现耕地质量保护的有效途径和必要手段。农村耕地生态补偿是指以保护农村耕地生态环境和实现生态公平为目的，运用市场和政府两种手段，平衡不同主体、不同区域间生态利益与资源利益的冲突，通过资金筹集、政策优待等补偿方式，对为保护农村耕地生态环境做出突出贡献的个人、做出牺牲的个人及因农村耕地生态环境破坏而受到损失的个人进行奖励或补偿，对农村耕地生态环境的破坏者进行处罚。

耕地生态补偿有利于保护耕地经营者的利益，鼓励经营者保护耕地的积极性，可为土地环境保护提供助力，以期达到农村土地损耗减轻的环境效益、城乡差距缩小的社会效益的双重实现。总的来看，湖北尚未全面开展耕地生态补偿政策，还无法全面形成对耕地质量保护动力，农户缺少耕地生态保护的意识。

湖北开展耕地生态补偿，首先，要加强耕地生态补偿的法治建设，使耕地生态补偿有法可循，用法律的手段保障耕地生态补偿制度的建设和实施。构建湖北耕地生态补偿监管机制，使耕地生态补偿实施的每个环节都得到有效的监督，并将耕地生态补偿绩效纳入政府考核体系。其次，加快生态补偿标准的制定，需要以公平、公正为原则，同时注重补偿标准的效率。细化耕地生态补偿的各项核准指标，形成完整的耕地生态补偿判定标准体系。比如对于休耕区域的耕地补偿，需要对农户在休耕工程期间的粮食损失或其他经济作物的直接损失进行全面的计算，同时还要考虑农户在维持休耕地区的生态功能时付出的成本。再次，探索多样化补偿形式，可以用现金的形式进行统一发放，也可以以农业生产材料（种子、化肥、农药）等形式发放。对被开发的种植性村落可以给予项目上的帮扶、政策上的帮助，帮助其发展经济产业，如兴建大棚发展有机农业等。联合农业院校和研究院所提供智力支持和农业专项扶持计划支持，加快新品种和新技术的推广和应用。还可以实施税收的优惠和财政的帮扶，通过多种多样的补偿形式，提高农户对于保护耕地的积极性。

（二）森林

森林作为陆地生态系统的主体，在维护全球生态平衡、保障国土生态安全、满足人类生活需求等方面发挥着不可替代的作用。但森林生态服务作为公共物品具有外部性，使受益者可无偿消费，而提供者得不到应有的收益，导致森林资源的发展受到限制。

森林生态补偿是由于各种自然资源"产品"本身的投入产出经济效率相对较低，但其生态效益却很大，不仅服务于森林资源的经营者，还通过外部性服务于社会公众。只有给予森林资源生态功能的提供者一定补偿，才能有利于提高森林资源的生态服务功能。通过建立森林生态补偿机制，对森林生态效益的收益方进行收费，对参与退耕还林以及生态林建设的主体所付出的超出其义务范围以外的成本进行经济补偿。

构建森林生态补偿机制，首先，要规范森林生态补偿基金的使用。根据《中央财政森林生态效益补偿基金管理办法》，湖北要制定详细的森林生态补偿基金管理办法，建立专项资金，实行专人管理，专款专用，严格把控。其次，要拓宽补偿渠道，除了向使用森林资源的木材加工企业、造纸企业等企业筹集资金外，生态公益林能够在涵养水源、水土保持方面发挥积极作用，故而还可以向水电等部门筹集资金。同时，还可以举行林木认领活动，接受有能力的社会各界人士对林木资源的认领，通过这种吸纳方式拓宽资金来源渠道。再次，要完善以政府购买服务为主的公益林管护机制，建立重点生态公益林补偿标准动态调整机制和以森林植被碳储量为切入点的市场化生态保护补偿机制，继续实施国家、省级重点公益林营造、抚育、保护和管理的生态效益补偿。

（三）湿地

湖北湖泊众多，素有"千湖之省"美称。湿地与森林、草地等，都是重要的生态屏障，是我们赖以生存的基础，保障其良性发展才能促进经济社会的可持续发展。湿地对湖北生态功能格局具有不可替代的作用。因此，开展好湿地生态补偿就显得十分必要了。湿地生态补偿是指在综合利用湿地资源的过程中，对保护湖泊资源的行为主体支付相应的费用，用以鼓励湿地地区更多承担保护生态环境责任。湿地生态系统的主要管理者是渔民，渔民从过度捕捞或者将湿地转化为耕地获得收益，却造成了碳汇丧失、水资源服务减少和生物多样性减少等湿地生态系统服务功能的破坏，湖北依托湿地生态保护补助机制等湿地生态建设工程，对落实湿地保护政策而经济受损的渔民和其他经营者进行补偿，目的是恢复和保护退化的湿地生态系统服务。

开展湿地生态补偿，要依据不同湿地类型在空间上所处的生态地位，不同区域湿地的主体功能不同，生态补偿的要求和目标也不同。要构建多样化的补偿模式，确定合理的补偿标准，实现公平、公正地分配有限的补偿资源。在制定补偿标准时，可以将不同区域地方经济发展水平、自然环境和农户拥有的资源禀赋、渔业生产模式的差异等纳入考虑范围。湿地生态补偿还要处理好湿地生态保护、渔业生产建设和渔民生活改善的关系，湿地生态补偿资金的使用，要以生态建设为根本、改善生计和稳定脱贫及致富为目标、适度合理地利用湿地资源为条件，使三者维持均衡协调发展的比例结构，才能保障湿地生态补偿资金的投入取得预期的效果。

三、加快推进横向生态补偿机制

如何处理好经济发展与环境保护之间的关系，一直是湖北发展中需要解决的问题，特别是对生态脆弱、有特殊生态功能且经济落后的"三位一体"地区来说，其经济生态利益冲突尤为突出。能否有效解决这一问题，不仅关系当地人的利益，更与相关地区乃至全国的生态安全密切相连。如何使这些地区愿意提供并且有能力提供良好的生态环境和服务，需要湖北各级政府的支持，更需要受益地区政府以横向生态补偿的形式对其进行补偿。

（一）开展横向生态补偿，调节各方利益

横向生态补偿制度就是通过实施一系列法律、经济和行政手段，让享用生态产品的补偿区为提供生态产品的受偿区提供补偿。这种以市场化手段，通过补偿受偿区因保护环境而产生的生态保护成本和失去的发展机会成本，有利于两者共享生态与经济发展的红利。横向生态补偿制度的本质

是调节和平衡各方的利益。即以公平为主导，让不同主体功能定位地区之间通过专业化分工和合作实现生态福利的公平共享。

横向生态补偿机制的建立是贯彻新发展理念下区域合作模式的创新，对于促进绿色发展和区域协调发展都具有非常重要的意义。建立横向生态补偿机制，一方面，可以弥补湖北财政转移支付与当地生态补偿实际需求的缺口；另一方面，可以补偿生态保护区或生态脆弱区因产业转型带来的发展机会损失以及原有产业的劳动力溢出等方面的损失。可以说，横向生态补偿是有效协调山水林田湖草生命共同体内部区域之间关系的有效手段之一。

横向生态补偿过程中，生态消费区与生态输出区要遵循成本共担、效益共享、合作共治的思路，按照"谁受益、谁补偿，谁保护、谁受偿"的原则，采用现金补偿、对口支援、水权及碳汇交易、产业园区共建、社会捐赠等补偿手段，实现生态补偿方式的多元化。一是完善生态补偿横向转移支付制度。横向转移支付发生在不同地区之间，同一层级或不同层级但无上下级关系政府之间。相比纵向转移支付，横向转移支付补偿方式更加直接，也更能体现权责利的对等。同时，在横向转移支付中，应考虑不同区域生态功能要素和支出成本差异，通过调整转移支付系数等方式，加大对重点生态功能区特别是鄂西重点生态功能区的转移支付力度，提高重点生态功能区和湖北脱贫地区的生态补偿标准。二是要围绕产业合作、劳务协作、基础设施、生态保护等方面开展对口帮扶工作。相关地区依据国家开展对口支援的"结对"要求开展合作。这类合作以国家对口支援三峡库区合作为典型代表。此外，湖北针对恩施、神农架等也有相应的"结对"要求，要求武汉等发达地区与这些地区"结对"帮扶。三是积极引导产业园区共建。发挥政府、市场、社会各方面的作用，采用"飞地经济"模式，共同建立开发区，两地干部交叉任职、合署办公，为受偿区寻找发展空间，通过园区合作形成一种自我积累、自我发展机制。比如，流域内的污染项目如果设立在上游地区，则会损害整个流域的生态环境安全，因此可以考虑在流域的下游区域集中设立一些开发区，为一些上游地区不能实施的污染项目提供发展的空间。同时，也要保证整个项目的环境安全指标在可以接受和控制的范围之内。

（二）积极发展"造血型"横向生态补偿

造血型生态补偿是指政府或补偿者运用项目支持的形式将补偿资金转化为技术项目安排到被补偿方，帮助受偿区群众建立替代产业以代替之前的低效益、高消耗产业，对生态产业的发展给予适当补助。造血型补偿可以在充分考虑当地群众需求的基础上，通过优惠政策帮助其改变经济结构、经济增长方式，积极寻求各种自然、生态资源多效综合利用途径，增加脱贫地区的内在发展能力以形成一种造血机能，帮助脱贫地区自身实现经济、社会、生态效益的最佳发展。

对于生态保护区域，不能一味依靠"输血"，长期以来，生态脆弱脱贫地区致富工作的深度、广度、力度和精准度基本上取决于外部"输血量"的多少，一旦输血停止，很容易造成返贫。究其原因是这类区域缺乏有效的造血功能。因此，要加大"造血型"生态保护补偿力度，努力发现受偿区生态资源价值，创新资金使用方式，创新发展模式，激活产业支撑的源头活水，强化自身"造血"机制，实现可持续发展。

"造血型"生态保护补偿可以为提供生态屏障的欠发达地区构筑一个发展平台和空间，为其提供发展机会，激发其发展潜力，从而调动全社会参与生态建设的积极性，走生产发展、生活富裕和生态良好的文明发展道路。"造血型"生态补偿可通过以下几种方式展开。一是积极推动生态产业发展。坚持政府引导、市场主体，将受偿区生态保护的过程演变成生态产品的市场化生产过程，重点发展绿色生态产品，建设一批具有本土特色的生态品牌，努力获得较高的经济附加价值。依托良好自然环境，发展生态旅游业。创建一批国家与省级林下经济示范基地，打造精品森林旅游地、精品森林旅游线路、森林体验和森林养生试点基地。二是创新融合发展新模式，积极推进林权抵押、林草 PPP、企业自主经营等融资模式，依靠自身收益还款，引导更多金融资本和社会资本投入生态产业扶贫。以资源变资产、资金变股金、农民变股东的改革为基础，采用"公司+村集体+农户+互联网"的经营模式，以务工、土地租金、收益分红带动农民增收，完善利益联结、收益分红风险共担机制。尝试运用"互联网+"、PPP 等模式，形成集农业互联网综合服务、生态产品上行业务、生态产业大数据、品牌打造、外部资源下行、特色生态镇村等为一体的产业发展业务体系。三是探索项目补偿新机制，将补偿资金转化为项目安排到受偿区，引导他们发展其他绿色环保的项目，种植附加值较高的农副产品，帮助受偿方发展替代产业。鼓励引导国家级龙头企业与受偿区合作创建绿色产品品牌、优势产品生产基地，促进产业提质增效，推动农民增收。加强造血补偿机制的培育，把更多的资金投入造血型补偿机制的培育，以形成对相关保护区域造血功能的激励，逐渐建立适合当地自身发展的长效机制。四是尝试推行生态产品标签制度。政府从产品原料、生产和销售方面制订生态标签，凡是申请获得生态标签的企业的产品，由于要求严格，售价可比市面上普通的同类产品高，这样通过吸引消费者付费，实现生态环境的完全市场化补偿。

四、完善生态补偿的保障机制

生态补偿机制是以保护生态环境、促进人与自然和谐为目的，根据生态系统服务价值、生态保护成本、发展机会成本，综合运用行政和市场手段，调整生态环境保护和建设相关各方之间利益关系的环境经济政策。应从法律制度、标准设计、多元化市场化运营、沟通协商等多方面共同构建生态补偿的保障机制。

（一）尽快完善生态补偿法律法规

现阶段，湖北已经构建了比较完整的保护生态环境的法律框架。但生态补偿的立法依然缺位，一定程度上无法满足开展生态补偿实践的现实需求。生态补偿的相关规定分散在各个生态环境保护的单行法中，同时省级层面并没有出台统一、规范的生态补偿的地方性法规，生态补偿在实践中存在补偿标准不统一、责权利不对称、监管不到位等问题，这会导致生态补偿出现不公正、不公平的问题。此外，湖北生态补偿法律法规还不完善、不系统，相关法律对于政府跨区域共同制定地方性法规的程序不完善，缺乏立法协调机制和起草法案机制。虽然湖北已经制定了许多生态环境治理和保护的法律法规，但相关法律条款原则性过强，缺乏可操作性，生态补偿的相关法律法规有待完善。因此，应加快制定出台生态补偿相关法律法规，规范补偿主体和被补偿主体权责关系，形成同级政府间的横向转移支付谈判的具体规范，最大限度地减少谈判双方分歧，降低谈判成本，提高谈判效率，促进生态补偿横向转移支付方式常态化、制度化。

（二）构建科学合理的生态补偿标准

生态产品的价值主要参考生态产品提供区在生产生态产品时的生态环境投入成本和丧失的发展机会成本。生态产品价值的高低可以反映该地区的生态重要性程度，并可以在一定程度上为确定横向生态补偿标准提供依据。科学合理的生态补偿标准应该对生态产品价值和失去的发展机会成本进行评估，应该按照生态产品价值的变化情况合理确定补偿标准，即根据生态产品提供区补偿方的要求提供更好或更多的生态产品而额外增加的成本确定补偿标准。

此外，现行的补偿标准并没有将地区之间的社会经济差异考虑在内，而是将实施生态补偿工程的各区域和各地区进行一刀切。统一的标准可以更好地实现公平，但将统一的标准在不同的地区或同一个地区内进行一刀切，这样的做法有失公平。因此，生态补偿标准的制订应该因地制宜。

（三）开拓多元化生态补偿渠道

随着生态保护范围的扩大，生态补偿的成本日益增加，当前财政资金为主导的生态补偿机制弊端日益显现，虽多方筹措生态补偿资金，仍无法填补生态补偿资金的缺口。在这种情况下应当扩大生态补偿资金来源，探索多元化、市场化的生态补偿机制，通过市场手段促进资源节约和生态环境保护。

采用政府补偿、市场补偿和社会补偿等相结合的方式。其中，政府补偿主要是政府在财政税收、项目建设和产业发展等方面给予相应的政策倾斜，并制定相关的激励措施等；市场补偿主要指在确定产权的前提下，借助市场机制建立生态资源交易平台，让各个利益相关者之间的自愿补偿行为在市场手段的作用下实现，比如，水资源交易和排污权交易等。社会补偿主要以民间各种形式的金融机构贷款与担保、补贴、发行债券贴息和捐赠等方式出现。

在政府补偿、市场补偿和社会补偿相结合的过程中，应当以政府补偿为引导，出台相关政策和激励措施，以财政奖补资金作为引导，鼓励并吸引银行信贷、工商资本、民间资本及其他社会力量积极参与生态补偿，大力拓宽补偿资金的渠道，有效地解决投入需求和投入供给间的矛盾。以市场补偿为平台，促使各方利益相关者达成自愿补偿的共识，以社会补偿为支撑，让社会资金以不同的形式参与其中，使多元化的参与方式真正有助于湖北生态环境治理的顺利推进。

此外，还可以考虑建立生态补偿基金。通过从公共财政、环境保护税、社会捐赠等资金中抽取一定部分，建立生态补偿基金。这对于经济欠发达地区生态补偿资金的募集，具有十分重要的意义。建议相关部门对此进行专项调研，研究专项基金募集机制、资金使用范围、使用方式等内容。

（四）完善市场化生态补偿机制

湖北还没有出台生态补偿相关的立法，更谈不上市场化的规制。由于法律没有明确规定，市场主体资格模糊，既造成市场主体利用市场化方式筹集资金的效率不高，又限制了市场化工具的运用。由于市场机制的不完善，市场在配置资源中的循环累积效应难以有效发挥出来。

湖北正力图把市场化运作机制引入生态补偿中。首先，明确生态补偿区主体的市场主体资格，严格规定好参与方权利与义务，确定监管部门权责。其次，让市场配置资源发挥决定性的作用，建立市场准入制度与竞争性规则，完善产权交易市场并培育发展交易平台。再次，利用市场主体资格向金融企业进行直接融资，包括向国有银行、股份制银行、城商行、信用社以及绿色银行贷款。最后，作为市场主体直接发行绿色债券、绿色股票等证券化产品，并探索通过 PO 或者新三板等进行上市融资。此外，还探索了绿色生态产品标签制度，考虑建立健全绿色保险等相关配套机制。

（五）健全沟通协商机制

由于区际间的生态补偿缺乏完善的制度安排，缺乏工作机制和协商机制，协调合作水平不高，无法对横向生态补偿工作进行高效的衔接和管理，导致有限的补偿资金难以充分发挥其生态功能。因此，在生态补偿实践中需要加强沟通协商，以提高生态补偿的公平性和补偿的效率。首先，要保证生态补偿的顺利实施，透明度在行政等级与基层组织的框架内就显得尤为重要。只有通过参与式生态补偿机制，增强透明度，才能有效地遏制不合法规的短期行为，才能充分地体现出生态补偿的公平性和效率性。其次，要探索建立跨省际市际的流域生态补偿管理协调机构，不断优化流域生态补偿的管理体制，搭建跨行政区域的协商平台和仲裁机制，完善流域生态补偿相关配套制度。最后，要构建参与式生态补偿机制。一方面，充分发挥受偿区基层自治组织的领导作用，推动市场化生态补偿机制在受偿区落地生根，在实施生态保护的同时推动经济发展，更好地服务民生、服务群众。另一方面，让广大农民参与生态补偿工作的制定，不仅能够有效地将农民参与美丽乡村建设的积极性和主动性调动起来，还能够通过有效的协商方式克服当前生态补偿过程中补偿对象难以界定的障碍。

第五节　健全人居环境管护长效机制

一、建立健全长效管护制度体系

逐步建立完善市县级部门生态环境治理联系机制、工作通报机制、工作推进机制、督查评估机制、动态管理评估机制 5 个方面制度。坚持"部门协调配合、各方联合行动"的原则，条块联动、专兼结合、各司其职、各负其责，形成高效权威的综合治理监管机制。健全农村人居环境基础设施管护的规章制度，鼓励专业化服务组织承担环卫保洁和设施管护。

一是要健全督察制度。要持续强化农村人居环境整治"三大革命"督察检察机制，查漏补缺，补齐农村人居环境短板。可以成立乡村环境监督小组，监督各家各户养成良好的环境卫生习惯。增强环境督察员的责任意识，对督察不力、执纪不严的督察员严肃处理，并与工资报酬紧密挂钩。健全村民自治管理制度。加强基层党组织建设，发挥好村级组织作用，以村民小组为单位，推行村民自治管理，鼓励村民主动参与垃圾集中排查整治活动。制订村规民约，落实村"两委"工作制度、村务议事制度、村财监督制度和美丽乡村建设项目公示制度；加强宣传，增强村集体组织动员能力，引导全民参与，努力完善"自我组织、自我维护、自我管理"的农村环境综合整治自治模式。在行政村逐步建立和推行垃圾分类、定时收集、清运管理制度。

二是要健全评价考核制度。动真碰硬抓推进，严格奖惩抓落实，建立健全镇（街）、村（社区）环境检查评比等日常工作制度，建立环境违法举报奖励制度、处罚制度、信息公开制度等，考核结果向社会通报公示。对没有完成目标任务和农村人居环境长效管护工作不力的乡镇、园区、行政村，进行通报，限期整改；相关负责人不认真、不及时、未有效履行职责的，按有关规定追究责任。将农村人居环境长效管护工作列入农业农村年终综合考评，考核结果作为工资发放、费用拨付、项目奖励的依据。

三是要健全定期工作例会制度。建立农村人居环境综合整治例会制度，由农村人居环境长效管护工作领导小组办公室牵头组织一月一次工作督查汇报会，一季一次专题会，半年一次现场会，推动难点问题解决，督促各项工作落到实处。

二、创新多元化融资共建渠道

湖北要想方设法筹措资金，调动各方资源，保障人居环境整治顺利开展。着力构建财政优先保障、金融重点倾斜、社会积极参与的多元投入格局。在资金筹集过程中，要确保不随意举债、不加重农民负担。

（一）加强财政资金有效投入与引导

加大财政资金投入，建立健全推进农村人居环境整治财政投入保障机制，将农村人居环境整治所需资金纳入预算，并根据实际工作需要逐年递增。统一将改善农村人居环境方面的公共服务项目纳入政府购买服务指导性目录，将购买改善农村人居环境服务资金逐年列入财政预算。同时建立涉农资金统筹整合长效机制，有效整合交通、农业、扶贫、水务等涉农部门项目，确保财政投入与农村人居环境整治目标任务相适应。

规范有序吸引金融资金投入，积极争取政策性金融机构为农村人居环境整治提供信贷支持，支持收益较好、实行市场化运作的农村基础设施重点项目开展股权和债权融资。帮助协调农发行政策性贷款，引导金融机构不断创新涉农金融产品和服务方式，积极参与和支持农村人居环境治理。

充分发挥财政资金"四两拨千斤"作用，采取以奖代补、先建后补等多种方式，充分调动社会资本投入积极性，吸纳撬动更多社会资本参与农村基础设施改善，破解资金制约，全面提升脱贫乡村基础设施和公共服务水平。坚持"谁投资、谁建设，谁管理、谁受益"原则，鼓励社会资本参与农村生活污水、垃圾等基础设施建设，鼓励采取政府与社会资本合作等方式将农村生活污水、垃圾中的经营性项目推向市场。

（二）创新融资形式和渠道

充分考虑农民承受能力和意愿，探索建立财政补助、村集体补贴、农户付费与投工相结合的管护经费分担和保障制度。鼓励有条件的地区探索建立垃圾污水处理农户付费制度，完善财政补贴和农户付费合理分担机制。进一步壮大集体经济，增加经营收入，引导集体经济收入用于农村环境整治。有条件的地方可将农村环境基础设施建设与特色产业、休闲农业、乡村旅游等有机结合，实现农村产业融合发展与人居环境改善互促互进。

实行政府购买服务，探索第三方运维模式。要坚持规范化、常态化，探索专业化、市场化的管护机制，加快培育对农村垃圾污水处理市场主体营造有利的市场和政策环境，吸引社会资本参与农村垃圾污水处理设施投、建、管、运。鼓励专业化、市场化建设和运行管护，有条件的地区推行城乡垃圾污水处理统一规划、统一建设、统一运行、统一管理。此外，还可以引导相关部门、社会组织、个人通过捐资捐物、结对帮扶等形式，支持农村人居环境设施建设和运行管护。倡导新乡贤文化，以乡情乡愁为纽带吸引和凝聚各方人士支持农村人居环境整治。

（三）加强资金管理和监督

县有关部门根据各乡镇行政村数、农业人口规模分配管护资金，并按照各乡镇提交的人员报酬发放方案及其他维护经费支付凭证等资料进行核查，为县财政部门提供真实的资金拨付依据；按预算管理要求，编制农村人居环境管护专项资全支出预算；各乡镇负责资金的管理、监督，在乡镇财政部门设立资金专账，专款专用，不准用于与人居环境建设不相关的支出。按行政村分别设立台账，保证管护工作及经费支出的真实性，对所有支出和票据的真实性进行把关；并对建设项目申报材料、建设项目情况、建设进度、验收结果的真实性、合规性、完整性以及项目质量进行把关负责。各行政村要定期张榜公布资金的使用情况，以接受村民监督，同时各村财务监督委员也要担负起监督职能，对出现的问题应及时反映。

三、广泛动员全体农民主动参与

完善农民参与引导机制，增强人民群众生态文明素质和环境保护意识，加强管护队伍建设；发挥农民主体作用，鼓励农民"投工投劳"参与管护；鼓励专业化、市场化建设和运行管护，实现村民共建、共管、共治人居环境的良好局面。

（一）做好舆论宣传引导

通过互联网、微信、广播电视、报纸、走村入户等多种形式加强宣传引导，积极向村民宣传生态宜居乡村建设的意义和政策。在各镇（街）建立村规民约、环境维护制度和镇（街）干部包村、村干部包社、社干部及党员包农户制度，努力促使项目、政策等事项的宣传入户到人。依靠群众、发动群众，强化舆论引导，切实转变大家对人居环境综合整治工作的认识，形成齐抓共管的良好局面。完善生态宜居乡村建设的重要事项科学决策、民主决策的程序制度，切实保障村民的知情权、决策权和监督权，让广大农民认识到生态环境治理是共享改革红利的宏伟工程，引导大家自觉参与到宜居乡村建设中来。

加强"榜样"宣传，以点带面，示范带动。广泛宣传人居环境建设当中涌现出的新典型，树立样板，努力凝聚助推农村发展的正能量。比如，评比出"文明清洁村组""星级文明卫生户"等荣誉称号，召开现场会、推进会，表彰奖励，让农民互相"攀比"，抓点带面，让改善农村人居环境成为群众自觉。

（二）加强管护队伍建设

各乡镇（园区）依据自身规模、自然村庄数量和现有保洁员数量，根据"定人、定岗、定责、定酬"的要求，配足配齐专职保洁员队伍。明确管护人员的岗位职责、包干的相关管护人员姓名、联系方式、管护范围、管护时间以及村内举报电话等，广泛接受群众监督。行政村也要由各村干部牵头，专职做好农村环境长效管护的日常管理工作；管护专职人员严格对照长效管护标准，全面加强区域内农村环境的日常保洁和例行督查。完善农村基础设施建设管理机制，促进资金效益最大化。一是从源头上保证农村基础设施项目的效益（实用性），避免形象工程的产生和资源（资金、土地、时间和人力）的浪费。二是项目开展过程中，行政村或自然村应成立理事会或者监督小组，坚持及时、公开、严格和广泛参与相结合的原则，监督建设资金的使用和施工质量。三是建立基础设施维护常态化机制，包括专项资金的配套和专门人员的管理。对管护人员实行动态聘用和末位淘汰制，对工作责任心差、不能完成任务的人员及时进行调整，管护人员要登记造册，按有关要求做好相关备案工作。

（三）调动农民参与的积极性

湖北要充分激发村民群众参与乡村建设活动的热情，营造"乡村建设你我共参与"的良好活动氛围。引导村民积极参与农村人居环境规划、建设、运营和管理的全过程，通过宣传培训、政策引导、教育管理、典型示范、服务指导等各种方式和途径，突出群众作为建设者、受益者的主体地位，把基础设施建设的知情权、参与权、决策权和监督权交给农民，邀请群众代表全程参与基础设施项目选择、建设内容确定、工程质量监管验收，进一步调动农民群众参与基础设施建设的积极性、主动性和创造性，提高群众满意度和支持率，确保各类项目顺利实施，取得实效。

积极探索和建立"村民投工投劳"参与乡村建设的新模式，发挥村民在生态宜居乡村建设中的主体作用。简化农村人居环境整治建设项目审批和招投标程序。在项目审批方面，进一步精简优化，支持村级组织通过"一事一议"等方式让农村"工匠"带头人等承接村内环境整治、村内道路、植树造林等小型工程项目。组织开展专业化培训，把当地村民培养成为村内公益性基础设施运行维护的重要力量。引导当地农户参与项目建设及运营维护管理，激发农民参与建设美丽家园积极性。

第八章 湖北省域生态环境治理
体系现代化的实现路径

第一节 推进生态产业体系建设

《湖北第十四个五年规划和 2035 年远景目标纲要》提出，推动建立绿色低碳循环发展产业体系。产业转型升级将推动生态文明建设与经济发展方式转变紧密结合，努力形成低碳低耗、高质高效的现代产业体系。事实上，产业结构和自然系统存在着复杂的相互作用。环境、资源问题的严峻形势以及生态产业的优势使得生态产业的发展成为湖北产业发展的潮流和趋势。

一、生态产业体系建设思路

生态产业是按生态经济原理和知识经济规律组织起来的基于生态系统承载能力、具有高效的经济过程及和谐的生态功能的网络型进化型产业。它通过两个或两个以上的生产体系或环节之间的系统耦合，使物质、能量能多级利用、高效产出，资源、环境能系统开发、持续利用。生态产业突出了整体预防、生态效率、全生命周期、资源能源多层分级利用、可持续发展战略等重要概念。与传统产业追求产品数量和利润不同，生态产业是以企业的社会服务功能为生产目标，谋求工艺流程和产品结构的多样化，其核心是运用产业生态学方法，通过横向联合、纵向闭合、区域耦合、社会整合、功能导向、结构柔化、能力组合、增加就业和人性化生产等手段促进传统产业的生态转型，变产品经济为功能经济，促进生态资产与经济资产、生态基础设施与生产基础设施、生态服务功能与社会服务功能的平衡与协调发展。根据产业发展层次顺序及其与自然界的关系，生态产业可以划分为生态农业、生态工业及生态服务业。

构建生态产业体系需要推进产业生态化。在不可再生的化石能源支持下，传统工业经济属于一种高污染的、成本外化的经济发展模式。这种模式必然产生生态环境污染的外部效应。而资源的有限性与生态环境污染造成的外化成本，恰恰构成了工业经济发展无法突破的自然边界。在能源与环境硬约束的背景下，提出生态环境治理现代化，既对湖北经济转型升级提出了新要求，也为湖北经济转型升级开辟了新空间和新道路。传统工业是能源环境危机的罪魁祸首，必须进行生态化改造，通过技术创新和流程再造达到循环经济所要求的"3R"标准。由于传统产业生态化是在缺乏新能源支持下的改造，对于传统工业造成的成本外化问题，只能是某种程度的改造，不会成为企业的自觉行为，所以必须在国家法律、标准、政策约束或激励下进行，并实施产业生态管理。产业生态管理涉及三个层次：宏观上，它是国家产业政策的重要理论依据，即围绕产业发展，如何将生态学的理论与原则融入国家法律、经济和社会发展纲要中，以促进国家及全球尺度的生态安全和经济繁荣；中观上，它是部门和地区生产能力建设及产业结构调整的重要方法论基础，通过生态产业将区域国土规划、城市建设规划、生态环境规划和社会经济发展规划融为一体，促进城乡结合、工农结合、环境保护和经济建设结合；微观上，则为企业提供具体产品和工艺的生态评价、生态设计、生态工程与生态管理方法，涉及企业的竞争能力、管理体制、发展战略及行动方针，包括企业的"绿色核算体系""生态产品规格与标准"等。产业生态管理的实质是变环境投入为生态产出，将生态资产转化为经济资产，将生态基础设施转化为生产基础设施，将生态服务功能转化为社会服务功能。产业生态管理的焦点包括各种自然生态因素、技术物理因素和社会文化因素耦合体的等级性、异质性和多样性；物质代谢过程、信息反馈过程和生态演替过程的健康程度；经济生产、社会生活及自然调节功能的强弱和活力。

事实上，只有实现产业生态化，人类社会才有可能由工业化时代步入生态文明时代。然而，要想实现产业生态化，必须明确其内涵和实现产业生态化的层次。产业生态化的内涵和外延：一是产业生态化作为一个渐进的过程，不可能一蹴而就；二是应当用循环经济的思想指导传统产业的改造和升级；三是实现可持续发展。自然生态系统是一个稳定、高效的系统，通过复杂的食物链和食物网，系统中一切可以利用的物质和能源都能够得到充分利用。自然界并没有真正的"废物"，任何一种有潜在利用价值的物质都可能作为"原料"加以利用。传统的产业生产过程是互相独立的，物质流动是一种"原材料—产品—废物"的线性过程，因此造成废弃物的过量堆积，产生严重的环境污染问题。产业生态化比拟自然生态系统，强调系统中物质的闭环循环，建立产业系统中不同工艺流程和不同行业之间的横向共生，为废弃物找到下游的"分解者"，建立起产业生态系统的"食物链"或"食物网"，实现物质的再生循环和分层利用，去除一些内源和外源的污染物，达到变污染负效益为资源正效益的目的，从而构建以工业共生和物质循环为特征的循环经济产业体系。

二、生态农业

（一）明确湖北生态农业发展的基本原则

一是要坚持农业绿色发展与生态资源环境可持续利用相融合，将"整体、协调、循环、再生"的生态经济学原理贯穿于生态农业发展的各环节，建立与生态资源承载能力、生态环境容量融合的生态农业产业布局与空间结构。

二是要坚持当前治理有效与长期保护改善相统一。从突出农业面源污染环境问题着手，区分轻重缓急，科学设计治理农业生态环境的实施步骤，优先解决区域农业水污染、土壤重金属等突出问题；合理划定生态农业空间和生态空间保护红线，整体保护、系统修复、综合治理，适度有序开展农业资源休养生息。

三是要坚持试点先行与示范推广相统筹。根据各县市资源禀赋与生态农业产业结构，统筹考虑不同区域不同类型不同产业的实际情况，探索建设不同区域差异化生态农业发展试验试点区，探索总结可复制模式。

四是要坚持政府引导与市场主导相促进。大力发展生态农业，关键是发挥市场与政府两者的作用。政府要履行好顶层设计、政策引导、资金支持、服务监管等方面的职责，形成生态农业发展的协调机制，构建绿色有机农产品产出、农业生态资源与环境保护修复为导向的农业生态补偿制度和农业绿色化发展长效机制。此外，按照"谁污染、谁治理，谁受益、谁付费"的要求，着力构建公平公正、诚实守信的市场环境。

（二）明晰湖北生态农业发展目标任务

一是绿色农产品产能明显提高。落实最严格的耕地保护制度、节约集约用地制度、水资源高效利用制度、生态环境保护修复制度，强化监督考核和激励约束，引导省内农业与农村走上生态、生产、生活"三位一体"良性发展道路，构建与生态资源环境承载力相匹配的生态农业发展新格局，持续提升农业绿色供给能力。特别是要在坚持保障粮食安全的基础上，不断提高绿色生态农产品比重，发展好优势绿色有机农产品，培育潜力较大的生态农业，发展新业态新载体，加大对绿色、有机农产品和地理标志农产品企业扶持力量，以期确保农产品供给更加优质安全，农业生态服务能力进一步提高。

二是农业资源利用更加节约高效。按照减量化、再利用、资源化的原则，加快建立绿色生态循环农业产业体系，大力推进全省生态循环农业建设，促进农业资源高效利用和废弃物循环利用，保护和节约利用农业资源，努力实现耕地数量不减少、耕地质量不降低。同时，通过现代农业技术手段，推广使用滴灌、喷灌等节水措施，不断提升农业用水效率，减少水资源的浪费，提高农田灌溉水有效利用系数。

三是农业生态系统更加和谐稳定。通过发展生态农业，构建绿色农业产业体系，建立种植业、养殖业以及水产业清洁生产结构与模式，建设各类农业污染排放综合治理与资源化利用工程，集成示范农村生活垃圾与污水治理技术，建设美丽宜居乡村，遏制农业面源污染，确保农业清洁投入、清洁生产、清洁产出，最终保护和修复农田生态系统，明显改善农业生态环境。

（三）湖北生态农业发展的实施路径

1. 转变生态农业生产方式

一要加快推进农业标准化生产。建立健全适应农业绿色化发展、覆盖全产业链的农业标准化生产与管理体系，制定农业区域公用品牌、特色农产品品牌的省级农业生态技术规程和地方标准。支持生态农业规模化市场主体实行标准化生产、工业化加工，鼓励农业企业特别是龙头企业全产业链成建制地推进农业标准化。同时，积极开展农业全程绿色标准化示范县（市）与示范基地创建，推进花卉园艺作物标准园、畜禽标准化规模养殖场（小区）、水产健康养殖示范场和生猪屠宰标准化建设，确实转变畜禽养殖高污染发展的态势。

二要促进农业绿色化生产。通过实现化肥农药使用量负增长，加强农药兽药废弃包装物回收处置和农作物秸秆、畜禽粪污资源化利用，支持有机肥加工生产和推广应用，开展果菜茶有机肥替代化肥示范，推动水肥一体化，发展绿肥生产。推广健康养殖，建立病死禽畜无害化处理机制，支持发展循环生态农业。建立农业生态环境容量评价机制，积极稳步推进生态农产品产地分类划分和受污染耕地安全利用等级划分。探索开展农业绿色生态发展试点，推进农业生态循环示范区、农业绿色发展试点先行区建设。推广一批抗旱性明显提高、需肥量明显降低、抗病性抗虫性明显增强的绿色品种。

2. 减少农业投入品使用，强化农业资源的高效利用

一要大力推进化肥农药减量化。要通过运用生态技术与生态手段，支持湖北各县市深入实施化肥使用量负增长行动，选择一批农业生产大县

（市）开展农药化肥减量化示范，强化对农药化肥生态技术集成创新，集中推广一批土壤修复、地力增肥、治理有效和化肥减量增效的生态技术模式。探索服务生态农业有效机制，运用生态技术在更高层次上陆续推进化肥减量增效，推广使用有机化肥。同时，要通过建设一批病虫害防治基地、天然绿色防控融合示范基地、稻田立体综合种养示范基地，选择一批蔬果生产大县开展果菜茶病虫全程绿色防控试点，在总结经验的基础上积极推广一批行之有效简便易行的绿色防控技术，努力扩大全省农业绿色防控覆盖范围。推进统防统治减量，推行政府购买服务等方式，扶持一批农作物病虫防治专业服务组织与机构。推进低效高毒药械减量，示范推广高效药械、低毒低残留农药，引导农业生产主体安全科学用药。此外，要推进有机肥替代化肥。选择在果菜茶优势产区与大县以及农产品核心产区和地标生产基地，探索全面实施有机肥替代传统化肥政策，集中打造一批有机肥替代化肥、绿色优质安全农产品生产园区，加快形成一批可复制、可推广、可持续的组织方式和技术模式。

二要促进农业废弃物资源化有效利用。一方面，要加强规模化养殖中畜禽粪污资源化利用；完善规模化养殖畜禽粪污资源化利用制度体系，推动完善畜禽粪污资源化利用用地政策、畜禽规模养殖场环评制度、碳减排交易制度。全面落实好《畜禽粪污土地承载力测算技术指南》，指导湖北长江段、汉江合理布局畜禽养殖，规范畜禽养殖的粪污处理方式与可持续利用模式。在畜牧大县与主产区率先完成整县推进粪污资源化利用项目，推动形成畜禽粪污资源化利用可持续运行机制。通过开展畜牧业绿色生态环保发展示范县评比以及创建活动，全面展开示范引领畜禽粪污资源化利用工作。

三要积极推进农作物秸秆资源化高效利用。按照属地原则，指导各地级市制定所属县域秸秆资源化高效利用实施方案，提高秸秆综合利用的区域协调统筹水平。坚持农用为主、工业为辅、五料并举方针，积极推广深翻还田、捡拾打捆、秸秆离田多元利用等资源化利用技术，科学创设秸秆还田离田高效利用的体制机制，大力培育与发展秸秆资源化利用龙头企业，推进秸秆产业化发展。

四要推进农膜废弃物资源化回收利用。通过坚持源头控制、因地制宜、重点突破、综合施策，不断完善农膜回收网络。加大农用地农膜新国家标准宣传力度，加快推广应用加厚地膜。探索应用全生物可降解地膜。

3. 持续巩固和完善农村基本经营制度

由于湖北的省情特殊性，农村基本经营制度是以公有制为主，特别是以家庭承包经营为基础的农村土地制度，该制度不但赋予了农户长期而有保障的土地承包经营权，而且还使农村土地承包经营权人合法权益得到有效保障，有力地促进了农业增效与农村经济发展以及农村社会长期稳定。实践证明，现有的农村基本经营制度符合当下省情。当然，湖北的农村基本经营制度是不断完善的。特别是新修订的《农村土地承包法》实施以来，对农村土地经营制度进行了完善。从宏观层面看，随着湖北工业化、城镇化、信息化加速推进，对农业农村经济发展和农民持续增收提供了强有力支撑，但在土地、资金、劳动力等生产要素流动上，又对农业和农村经济发展提出新挑战。从农村内部看，随着农业现代化水平的持续提升，大量富余劳动力特别是新生代农民工转移到城镇就业，各类新型农业经营主体大量涌现，农村土地流转面积扩大不断加快，农业规模化、集约化水平也随之提高，导致农村土地经营方式呈现多元化格局。因此，为了维护好农民对土地的基本权利，促进生态农业持续健康发展，就需要持续稳定与完善农村基本经营制度。

一要完善农村土地承包经营制度。当前，要加紧制定第二轮土地承包到期后再延长三十年的相关配套措施。在完成农村土地确权登记颁证基础上，要强化对现有数据的有效整合，强化确权登记数据信息化管理和综合应用，探索建立省、市、县、乡四级农村土地承包管理信息共享系统。同时，在坚持农村土地集体所有的前提下，促使承包权和经营权有效分离，形成所有权、承包权、经营权"三权"分置的格局；对进城务工人员，需要维护其落户后农村土地承包经营权、宅基地使用权、集体收益分配权保持不变，依法规范权益转让；有序推进农村承包地"三权分置"，依法维护农村集体、承包农户与经营主体的相关合法权益。此外，要加强工商资本与社会资本租赁农地的监管和生态风险防范机制建设，建立土地流转审查监督机制，制止和防止耕地经营非农化。

二要放活农村土地经营权。按照依法自愿有偿原则，鼓励农民采取转包、转让、出租、互换、入股等方式自愿流转承包土地的经营权，积极探索土地信托、托管、股田制等新型流转模式，积极引导与鼓励有稳定非农就业收入并且长期在城镇居住生活的农户自愿有偿退出土地承包经营权。尝试在有关县市探索开展农户承包地市场化资本化有偿退出试点。完善集体林权制度，引导流转主体规范有序流转，鼓励发展家庭林场、集体林场、股份合作林场等形式。允许承包方以承包土地的经营权入股和发展农业产业化经营，探索农地土地经营权融资担保。

4. 大力发展生态农业新业态新载体

培育生态农业新业态新载体是推进生态农业融合式发展的重要途径。一要出台有关政策措施促进休闲农业与乡村旅游业融合协同发展。引导休闲农业与当地特色产业、资源环境、农耕文化等有效融合，促进产业提档升级。休闲农业作为利用农业景观资源和农业生产条件，发展观光、休闲、旅游的一种新型农业生产经营形态，可以深度开发农业生态资源潜力，调整生态农业结构，改善农业生态环境，是增加农民收入的新途径。选择优势区域，实施国家休闲农业和乡村旅游精品工程，建设一批星级休闲农庄、休闲农园、森林人家、康养基地、乡村研学旅游基地、特色民宿、特色旅游村镇、星级乡村旅游区和精品线路，打造一批休闲观光农业示范点（村镇、园、农庄）。科学合理利用闲置农房发展民宿、康养项目，发展农耕文化、农耕体验、农田艺术景观、阳台农艺等创意农业。大力发展生态旅游，打造多元化的生态旅游产品，培育生态科考、生态康养等产业，推进生态保护修复与生态产业发展深度融合。发展乡村特色生态文化旅游，实施好传统手工艺振兴计划，在少数民族聚集区推进具有民族和地域特色的鄂绣、鄂茶等传统工艺产品的提质发展。通过依托乡村文物保护单位，打造一批国家（省）级文化公园。树立全域旅游理念，构建武汉城市圈近郊乡村旅游圈、鄂西鄂东北生态文化和民俗文化休闲旅游带。

二要着力培育具有湖北特色"农字号"小镇。打破传统的行政条块分布，探索突破行政区划发展理念，打造农业发展新业态和新模式，将优质农产品乡镇（基地）建设成特而优、聚而合、精而美、新而活的"农字号"特色小镇（基地）。在武汉城市圈周边村镇，要积极吸引高端要素集聚，发展现代农业服务业和新产业、新业态，建设产城有机融合、创新创业活跃的特色小镇；在其他地级市周边，重点建设自然环境秀丽村镇，充分利用山水林田湖风光，保持乡镇原真性、自然属性，发展乡村生态旅游、康旅运动、健康养生等产业，建设一批人与自然生态和谐共生、宜居宜游的特色小乡镇；在历史文化积淀深厚村镇，需要继承与延续文脉、持续挖掘文化内涵与特色，做强做优文化旅游、民族民俗体验、创意策划等产业，建设一批保护荆楚文化基因、兼具现代湖北地方气息的特色小镇。

三要大力发展农村电商。通过实施户户通工程，扶持农村电商发展，依托大型电商企业打造一批知名电商产业园区、电商特色乡镇（村）。同时，加强县级电商运营中心建设，支持供销社、邮政、快递及各类企业服务网点延伸到行政村，实现快递物流、村级电商服务站点覆盖所有村，推动特色和品牌农产品产地建仓、网上销售。积极推进国家级、省级电子商务进农村综合示范全覆盖，抓好宽带普及行动、电商物流通村行动、百万创客实训行动、百佳品牌培育行动、农村电商倍增行动、综合示范提升行动。

5. 健全生态农业市场体系

（1）培育新型生态农业经营主体

一是培育全产业链龙头企业。通过政策倾斜支持，做大做强农业龙头企业，扶持一批标杆型龙头企业建设标准化、现代化与规模化原料生产基地，鼓励和支持工商资本发展企业化经营的种养业、加工流通和社会化服务，组建混合所有制农业产业化龙头企业。逐步推广"标杆型龙头企业+家庭农场+基地+农户""标杆型龙头企业+农民专业合作社+农户"等模式。

二是促进农民专业合作社规范可持续发展。强化农民专业合作社规范化管理与标准化建设，建立健全相关管理制度，提高内部自我民主管理水平，逐渐实现组织机构运转有效、产权归属明晰、运营事务管理公开透明。鼓励农民以农地、林权、资金、劳动、技术、产品等要素为纽带，开展各式各样的合作与联合形式，依法自愿组建联合社，积极探索开展互助保险和合作社内部信用合作试点。此外，需要强化农民专业合作社内部各项监管，积极引导优质合作社开展省市级示范合作社创建，要重点扶持一批规模较大、效益较好、运作规范、管理有效、带动力强的标杆型农民专业合作社。鼓励推广"订单收购+股份分红""土地流转+优先雇用+社会保障""农民入股+保底收益+按股分红"等多种形式的利益联结方式，带动小农户专业化生产，让农户分享产品加工、销售环节的各项收益。

三是推动家庭农场做大做强。优先扶持发展具有特色、专业突出型种养大户和示范型适度规模家庭农场，鼓励发展种养相结合的生态家庭农场。探索实施"万户"工程，开展家庭农场示范县（市）和省级示范家庭农场评比与创建。

四是发展新型农村集体经济组织。鼓励村集体领办创办各类服务实体，盘活村级闲置资源，支持村集体与供销社合作开展惠农综合服务。鼓励村集体以入股、参股、租赁或者流转等多种形式，发展现代设施农业、林下经济，建设特色农产品种养基地，发展乡村生态旅游休闲农业。

（2）健全农业社会化服务体系

健全农业社会化服务体系，是将科技资源、信息资源、人才资源与资本等现代农业生产要素有效植入生态农业产业价值链的重要保障，是发展生态农业的重要抓手。健全农业社会化服务体系，需要重点在培育与发展壮大新型农业服务主体、大力推进农业社会化服务能力建设、创新服务内容和模式上下功夫。

一方面，大力培育与发展新型农业服务主体，引导不同类型服务主体分工协作，实现优势互补。一是切实落实政府相关扶持政策，用足用好财政扶持、信贷支持、税费减免、人才引进等支持政策，选择培育一批具备提供高端增值服务能力的农业服务主体，打造一支高技能专业化的服务人才队伍和新型职业农民队伍。实施好重大项目或专项行动，注重整合财政、税收、金融、审批等各种优惠政策，扎实推进农业社会化服务向价值链高端延伸。二是强化县乡政府农业公共服务机构的支撑与引导作用，依据不同产业类型，做实做强做细农业生产、加工、销售等重点环节公共服务。同时对接经营性服务主体，引导其更好为农户服务。三是明确不同农业服务主体之间分工协作，通过以资金、技术、服务等要素为桥梁，大力发展服务联合体、服务联盟等新型组织形式。

另一方面，持续强化农业社会化服务能力建设，重点加强农业生产、加工、销售等关键环节和薄弱环节的服务供给。一是加大以农田道路、灌溉等关键基础设施为重点的农田增产增收能力提升建设力度。同时，对农业种植用地进行规模化与宜机化改造，大力推进农业全流程机械化生产服务能力建设。二是扶持新型农业服务主体建设，通过充分利用政府财政资金奖补、利息补贴、信贷担保等三农扶持政策，着力解决制约服务主体建设中融资难、融资贵等突出问题。此外，鼓励农业服务主体通过搭建区域性农业社会化服务综合平台，为农业生产者与中间商提供"一站式"服务。三是采用直接补贴、政府购买服务、定向委托等方式，充分发挥政府引导作用和市场配置资源的决定性作用，着重解决农户生产中起初投入大、技术公关难度高、短期效益低等现实问题。

（3）优化绿色生态农业发展的市场环境

一要优化生态农业发展的投资环境。湖北要持续加大改革创新力度，着实推进"放、管、服、效"一体。逐渐减少有关生态农业企业审批事项、提高政府监管水平、改变政务服务信息滞后、涉农企业和农户办事难办事繁等问题。各级政府部门要从战略和全局高度充分认识深化优化生态农业投资环境的重要性和紧迫性，持续优化投资环境。

二要优化生态农业发展的融资环境。资金是生态农业发展的重要制约因素。不少从事生态农业的企业往往因为融资困难而最终退出农业领域。因此，良好的融资环境将有效保障企业融资渠道畅通，资金充实，发展有盼头。而优化生态农业发展的融资环境，需要结合省市县金融政策与生态农业发展实际，加大金融产品和服务方式创新，积极利用网络信息、大数据等新技术，创新企业融资渠道与融资方式，允许将耕地经营权等资产进行抵押担保融资，探索开发线上线下融合的金融产品。同时，要通过积极搭建"政府+银行+企业"三方合作平台，协助企业和银行开展融资供需对接，重点鼓励金融机构为发展前景好、市场发展潜力大的农业企业提供信贷支持。

6. 着力推进品牌强农

通过培育、整合、宣传、保护生态农业品牌，构建以"三品一标"绿色农产品为基础、农业企业品牌为主体、地标品牌为龙头的湖北绿色农产品品牌体系，全面提升"鄂"字牌绿色农产品市场在全国甚至国际的竞争力与知名度。

一方面，要着力打造一批"鄂"字号绿色生态农产品品牌。一是打造知名度高的区域公用品牌。通过立足各地资源禀赋、产业发展基础和传统农耕文化形态，结合发展各县市特色优势产业，以农产品地理标志为依托打造区域公用品牌，引入现代元素改造提升传统名优品牌。围绕"潜江小龙虾""蕲春蕲艾""罗田板栗"等区域公用品牌，擦亮湖北特色农产品名片。立足湖北省农业资源特色和产业发展基础，在创建省市级特色生态农产品优势区的基础上，积极申报与争创国家级特色农产品优势区，培育一批发展潜力大、产品质量过关的特色农产品，打造特色农产品品牌。具体来说，茶叶类应重点培育恩施硒茶、武当道茶、青砖茶等品牌；水果类应重点培育宜昌蜜橘、秭归脐橙、公安葡萄等品牌；蔬菜类应重点培育蔡甸莲藕、随州香菇、洪湖藕带、洪山菜薹等品牌；中药材类应重点培育罗田茯苓、英山苍术、房县虎杖等品牌；粮油类应以"湖北名优大米十大品牌"和"湖北优质菜籽油五大品牌"为引领，重点培育虾稻、有机生稻、浓香菜籽油等品牌，推进荆门高油酸菜籽油公用品牌建设。畜牧类应重点培育神丹蛋品、罗田和麻城黑山羊等品牌。水产类应重点培育香稻嘉鱼、荆州鱼糕、洪湖清水大闸蟹等品牌。通过打造特色优良的绿色生态农产品品牌，避免各县市恶性竞争，从而提高区域公用品牌的知名度。二是强化农业企业品牌建设。积极引导与支持同行业、同产品的农业类企业兼并重组，组建大型农业企业联盟集团，通过集团化运作做大做强农业产业化龙头企业。此外，主动对接资本市场，大力培育上市后备企业、种子企业。支持农业企业通过并购重组上市，在"新三板"挂牌。支持符合条件的国家（省）级农业产业化龙头企业或集团通过在境内外上市与发行企业债券等方式融资。三是打造特色农产品品牌。立足粮食、畜禽、蔬菜、茶叶、水果、水产、油茶、油菜、中药材、竹木十大特色优势农业产业，打造一批"鄂"字牌特色农产品品牌。加大"三品一标"农产品认证，积极创建"三品一标"农产品示范基地，通过建设绿色（有机）农产品示范基地，开展农产品出口品牌建设试点。加快地理标志农产品的品牌定位、生产方式和新品种开发，推动地理标志品牌与关联性农业产业协同发展。支持新型农业经营主体开展"三品一标"农产品认证和品牌创建。

另一方面，强化品牌推介与保护。一是要强化品牌推介。当地政府要出台相关农产品商标注册便利化政策措施，大力推动当地优质农产品地理标志登记。积极开展区域公用品牌创建，办好各层级农博会，大力开展特色优质农产品产销对接活动。做好品牌宣传推介宣传工作，鼓励名特优农产品建立展销中心与平台、实体专卖门店。通过组织新闻媒体精心策划，深挖当地农产品品牌的核心价值与文化内涵，讲好"鄂"字牌绿色农产品品牌故事，提高影响力、认知度、美誉度和市场竞争力。二是要加强管理与保护相统一。通过加快制定和完善农产品品牌权益保护规章制度，加强对特定农产品地理标志商标、知名农业商标品牌的重点保护。严格质量标准，规范质量管理，强化行业自律，维护好品牌公信力。将知名农业品牌纳入湖北名牌和企业质量诚信评价体系，加大对相关经营主体知识产权、品牌维护、品牌保护等培训力度，提高商标、品牌保护意识和能力。

三、生态工业

生态工业是指仿照自然界生态过程中物质和能量循环的方式，应用现代科技所建立和发展起来的一种多层次、多结构、多功能，变工业废弃物为原料，实现循环生产、集约经营管理的综合工业生产体系。其特点是利用工业生态学原理，提高工业资源生产率，降低工业资源、能源和水消耗，降低工业三废排放，提高废物循环利用率等。生态工业是人类社会实现可持续发展、建设生态文明的必由之路。而生态工业园是生态工业的一种重要实践形式，是一种新型工业组织形态。它通过模拟自然生态系统来设计工业园区的物流和能流。园区内采用废物交换、清洁生产等手段把一个企业产生的副产品或废物作为另一个企业的投入或原材料，实现物质闭路循环和能量多级利用，形成相互依存、类似自然生态系统食物链的工业生态系统，达到物质能量利用最大化和废物排放最小化的目的。要实现通过发展生态工业来促进生态环境治理现代化的目标，需要从企业与园区两个层面进行努力。

首先，要构建企业（产品生产）循环经济模式。企业层面的循环经济产业体系可以从企业生产工艺的改进和革新、废弃物的回收与循环以及废弃物的无害化处理三方面进行构建。一方面，企业要对生产工艺进行改进和革新。废弃物的循环利用或处置的等级结构可以用图8-1表示，最高的优先等级是通过环境友好设计减少生产使用材料量。企业可以通过改进或者革新生产工艺过程而成功地达到物质减量化、污染最小化的目的。这种改进包括为环境而设计、为循环而设计以及物料产品替代等内容。如果最初设计合理，则经合理化改造的产品为废弃物减量和物料循环利用创造了很大的空间。

另一方面，还要对废弃物进行无害化处理。工业生产中或多或少都会产生废弃物，如果这些废弃物既不能通过企业内部的回收和循环得到有效的再利用，也不具有通过配置附加产业使其具有资源化的经济上的可行性，那么，企业有责任将这部分废弃物进行无害化处理，尽量减少其对人体健康、环境和工业生产的负面影响。

其次，构建企业间循环经济体系。生态工业园区根据自然生态系统循环方式，着眼于系统组织结构创新和园区生态工业链的建设，使不同企业

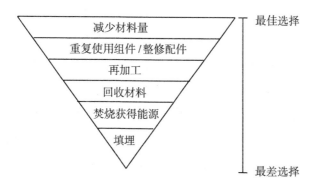

图 8-1 废弃物循环利用或处置的等级结构

之间形成共享资源和互换副产品的产业共生组合，以上游产品生产过程中产生的废料作为下游产品的生产原料，最大限度地提高资源利用率。

具有相当规模的企业内部的回收和循环可能会为企业带来巨大的经济利益。而对于小的企业而言，这种经济利益往往会因为废物回收和循环的投资和运行成本而抵消，甚至不足以抵消其成本，在这种情况下，企业之间商业性循环利用服务则是必需的。这就要求通过能量、原料在生态工业园区内企业间的循环利用，在总体上实现园区资源的最优化利用，并最大限度地减少污染物排放。

根据园区产业规划，确定成员间上下游关系，并根据物质供需方的要求，运用过程集成技术，调整物质流动的方向、数量和质量，完成工业生态网的构建。考虑到生态工业园区中都存在一些无可替代的成员企业，使运营的某些过程缺乏可选择性，当遇到内部变化或外部压力，如某些成员企业退出系统或采用新的工艺技术时，该生态工业园区的工业系统就变得十分脆弱。因此，工业生态链（网）的设计、改造要在对园区内现有共生关系和园区物质、能源、元素流动的定性分析上完善共生单元（企业）间的共生关系，针对中间品交换构建企业间的合作关系和发展可能的回收利用企业，对于一些本园区无法消化或规模不经济的中间品，则需要发展本园区同外部组织的协作关系。

　　企业之间共生关系既有链状结构，也有网状结构。链状结构是一维结构，体现着诸多相关的生态经济要素之间的物质流动、能量转化和信息传递等关系；网状结构是生态工业园区内企业间的各种链状共生结构方式进一步相互联系，最终使整个链状结构耦合成错综复杂的网络结构，使园内的各企业连接成为相互联系和作用的有机整体。在确定园区内企业共生关系的基础上，企业之间将废物作为潜在的原料或副产品相互利用，通过物质、能量和信息的交换，优化园区内所有物质的使用和减少有毒物质的使用；将有条件的多个企业组织起来形成资源共享、副产品互用的供应网、产业生态链及产业生态园；组织构建产业生态链或者柔性生态产业园。强调以园区企业、产业多样性为基础，重点分析园区配套产业相关性，完善支柱产业及相关配套企业间的工业链，必要时构建生态工业网络，实现资源的梯级利用和废弃物的最大资源化同用，在企业间消纳能力的匹配上完善园区产业的抗冲击性。企业间物质能量流动方式见图8-2。

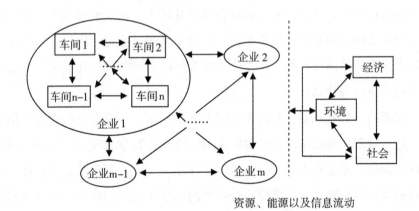

图 8-2　企业间物质能量流动方式

　　企业间循环经济体系的构建能够解决企业内部循环所难以解决的问题，是提高生态工业循环经济水平的核心。它的最高目标是物尽其用、能无空耗，即在园区经济发展的同时，最大限度地利用园内企业的废弃物质与能量资源，不断提高资源生产率，减少废物的产生量，从企业群整体的角度减轻经济发展的环境压力。

四、生态服务业

生态服务业是为人们的生产和生活实现生态化发展提供有效服务的经济活动和产业形态，如企业节能减排的第三方治理服务，生产环境的评估、认证；生态环境治理的技术、信息、融资、保险及相关法律等服务；环境的净化、绿化、美化服务；生态农业技术、信息和管理的咨询、推介服务；农地、农业环境污染治理服务等。生态服务业也包括传统服务业的生态化或绿色发展，如生态商业、生态物流、生态旅游、生态金融等。生态服务业是一种正在兴起的现代服务产业，也是现代服务业发展的必然选择。大力发展生态服务业，以专业化、市场化、规模化的生态服务来推进资源节约、环境治理和生态优化，具有特别重要的意义。生态服务业因其不受发展空间和资源要素等限制，具有"无限制做大做强"的可能，大力发展生态服务业，已经成为推动湖北生态环境治理现代化的重要举措。除了生态旅游、生态物流，生态服务业还包括生态交通、生态教育、生态文化、生态住宿、生态餐饮等内容，虽然广泛分布于各个产业，但其核心是实现生态发展，并且联系循环经济中的减量化、再使用、再循环的"3R原则"，实现节能减排、人与自然和谐共存，让生态环境可持续发展。

（一）生态旅游

湖北省委第十二次党代会把美丽湖北作为生态文明建设的重要目标。新时代美丽湖北建设为生态旅游业的发展带来了新机遇、提出了新要求。要抓住这个新机遇、完成这个新要求，就必须大力发展生态旅游，使之成为美丽湖北建设的领跑产业。生态旅游业是湖北生态环境治理现代化的重要形式，是一种旅游可持续发展方式，具备三大"领跑"功能。生态旅游契合"不搞大开发""坚持人与自然和谐共生"的科学指导思想和绿色发展的本质内涵，是在绿色低碳领域培育经济增长点、形成新动能的重要举措，它遵循人与自然的生命共同体认识，通过开发生态旅游项目、提供生态旅游产品以满足人民日益增长的优美生态环境的需要，是新时代的健康产业、幸福产业和美丽产业，并在美丽湖北建设中发挥着重要的领跑功能。

生态旅游作为融居住、休闲、出行、游乐、保健、体育、教育、研修、社交、博览和生态保育等多功能为一体的修身养性型服务经济，包括身、心、性、德的人文生态研修、涵养和时、空、景、物的自然生态修复、保育。与传统旅游相比，生态旅游最大的一个特点是其经营理念不把盈利作为主要目的，而是旨在实现经济、社会、美学和文化价值的同时，寻求适宜的利润和环境资源价值的保护。这也就弥合了生态环境治理与生态环境保护的初衷。

（二）生态物流

生态物流也称为绿色物流，学术界普遍认为凡是以降低物流过程中对生态环境的不利影响为目的的一切手段、方法和过程都属于绿色物流的范畴，是一种在基于现有物流状况的基础上，通过携手其他合作伙伴共同构建以用户为中心的"生态效应"模式。生态物流相比传统物流，能够在降低成本、减少资源消耗上有突出表现。目前业内通过信息交互的手段，使用射频识别、定位系统等物联网技术，集成自动化、信息化、人工智能等技术，通过信息集成、物流全过程优化、资源优化，使物品运输、仓储、配送、包装、装卸等环节自动化高效运转。"互联网+高效物流"是产业互联网的重要领域，通过互联网与物流产业的深化融合，发展多种形式的高效便捷物流新模式，促进物流与制造、商贸、金融等多领域的互动融合，最终建立创新驱动的智慧物流生态体系。湖北作为中部重要战略地区，素有九省通衢之说，特别是省会武汉作为国家中心城市，是国家交通枢纽。在湖北大力发展生态物流行业，有利于保护与推进生态环境治理现代化。

（三）生态交通

生态交通是指按照生态原理规划、建设和管理资源能源消耗低、污染排放少、与环境相协调的交通体系，是社会生态文明的重要组成部分，包括绿色公路、绿色铁路、绿色民航、绿色管道等。建设生态交通是贯彻落实绿色发展理念，促进人与自然和谐发展的内在要求；是破解资源环境要素约束，实现交通可持续发展的必然选择；推广应用新能源和清洁能源是绿色交通的重要举措之一，有利于优化交通装备结构，提高交通运输装备效率和整体能效水平。对此，应调整运输结构，加大货运铁路建设投入；加大新能源和清洁能源车辆在城市公交、出租汽车、城市配送、邮政快递、机场、铁路货场、重点区域港口等领域的应用；配合有关部门，开展高速公路服务区、机场场内充电设施的建设。

第二节　全力推进碳达峰碳中和实施

一、加快研究出台湖北碳达峰行动方案

实现碳达峰碳中和，是一场广泛而深刻的经济社会系统性变革，需要同时处理好发展和减排、整体和局部、短期和中长期的关系，有计划有步骤地积极推进。因此，需要加快制定出台湖北碳达峰行动方案，制定湖北碳达峰具体举措。通过行动方案的实施，以重点行业重点领域为主要减排目标对实现碳达峰碳中和与应对气候变化进行全面部署。

从 2021 起到 2060 年的 40 年，湖北的减排是机遇大于挑战，更有能力将最大的挑战转化为最大的机遇。根据习近平总书记提出的碳达峰碳中和"两步走"的战略设想，湖北积极参与第四次绿色工业革命，成为国内外应对气候变化的创新者、领先者、贡献者。湖北以 2030 年前碳达峰为中期目标、2060 年前实现碳中和为最终目标，既是硬约束目标，又是阶段性目标，由此分解后提出的各阶段约束性目标和指标主要体现为四个阶段。

第一阶段（2021—2030年）：核心目标为碳达峰，从高碳经济转向低碳经济。到2030年，湖北GDP的二氧化碳强度比2005年下降65%~70%，年均下降率4.5%~5.0%；非化石能源电力占总电量50%以上，非化石能源占一次能源消费比重约25%左右；同时，从高碳能源（煤炭消费为主）转向低碳能源（煤炭消费比重明显下降）、从高碳产业（钢铁、建材、有色金属、石化等为主）转向低碳产业（战略性新兴产业）、从高碳经济转向低碳经济、从高碳社会转向低碳社会。第二阶段（2031—2040年）：核心目标为碳排放大幅度下降。湖北基本建成低碳产业经济社会体系，基本实现人与自然和谐共生。第三阶段（2041—2050年）：主要产业特别是能源碳排放降至趋于零。根据测算，湖北可以在2045年前提前实现温室气体排放高峰，基本实现绿色工业革命。第四阶段（2051—2060年）：实现碳中和目标，基本建成零碳产业、零碳经济、零碳社会、零碳湖北。

当然，湖北要实现减排承诺与目标，至少分为4个10年阶段，需要8个五年规划，分别实现碳达峰、减碳、碳中和的约束性指标，可逐步分解到地方落实到各地，从生产方落实到各部门、产业、行业、大中型企业等，从需求方落实到消费者。

二、全面推进低碳试点

依托全国碳排放权注册登记系统建设的窗口期，抢抓低碳经济发展机遇，发挥湖北对全国碳交易市场管理的枢纽作用，积极吸引各方资金开展碳金融业务，努力将湖北打造成全国碳交易中心和碳金融中心，争做全国低碳经济发展的"领头羊"。一方面，要全力以赴做好各项工作，各级各部门要加大支持力度，及时帮助解决全国碳排放权注册登记系统建设中存在的问题，加强系统内部的自身管理，强化人才队伍建设与储备，科学评估与化解系统潜在的各类风险，优化系统中碳排放权的确权登记、交易结算、分配履约等业务，发挥系统碳资产的"银行"和"仓库"作用，使其成为全国碳资产的大数据中枢，确保全国碳市场顺利如期启动交易，助力碳达峰碳中和目标实现。另一方面，要全面深化低碳试点，进一步加大低碳试点指导力度，全面推进近零碳排放区示范工程建设。以现有工作基础的城镇、园区、社区、校园、商业等试点区域为突破口，通过积累经验，逐步扩大到景区、机关、企业、饭店等微观主体，多领域多层次推动"近零碳"发展。同时，深化重点行业、重点领域气候风险评估，推进武汉、十堰气候适应型城市建设，将武汉打造成全球气候适应型"样本"城市，不断提高适应气候变化水平，努力做到减缓和适应同步推进。此外，要健全碳排放权交易机制，探索碳汇权益交易试点。深化碳交易在交通、建筑等领域的协同减排作用，有序扩大市场覆盖范围。研究建立基于"互联网+大数据"、涵盖核证减排量交易机制和绿色积分商业激励机制的"碳普惠"制度，引导小微企业、社区家庭和个人积极践行绿色低碳行为。

三、系统设计碳达峰碳中和的科技创新体系

一是要通过落实新发展理念，瞄准绿色创新，抓紧研究制定《湖北碳达峰碳中和绿色创新行动方案》，统筹推进科技创新支撑引领碳达峰碳中和工作；加快编制未来40年全省碳中和技术发展路线图，提出碳中和技术选择、发展路径和重点行业绿色技术创新建议。

二是要坚持目标导向下的问题导向，做好科技需求分析，明确科技创新的思路和重点。围绕培育壮大低碳技术创新主体、优化低碳技术创新环境、推进低碳技术创新成果转化和开展低碳技术创新专项行动等，积极联合高校、科研院所、大型企业培育和组建一批省级低碳技术研发中心，支持低碳技术创新基础较好的城市创建湖北省低碳技术创新综合示范区。

三是要加快低碳技术研发与示范。建立产学研用有效结合机制，引导企业、高校、科研院所建立低碳技术创新联盟，形成技术研发、示范应用和产业化联动机制。依托东湖科学城与国家重点实验室，组织技术攻关，将气候变化影响综合研究、低碳技术研发纳入全省科技发展规划和重点科技计划。增强大学科技园、企业孵化器、产业化基地、高新区对低碳技术产业化的支持力度。通过国家重点节能低碳技术推广目录，推进低碳先进适用技术应用示范。

此外，需要大力推动能源技术革命，建立绿色能源与信息化、网络化、数字化、智能化融合式发展体系。推进能源、工业、农林业、建筑、交通、废弃物处理等各领域减碳增汇技术的综合运用，引导试点区域在绿色技术创新与政策管理创新上协同发力。鼓励不同类型试点区域探索"高校+园区+社区"的联动创新模式，把近零碳排放区建成低碳技术创新的综合示范区、集聚区。

四、严格落实能源消费总量和强度"双控"制度

湖北应将严格落实能源消费总量和强度"双控"制度作为碳达峰目标实现的重要抓手，重点在电力、钢铁、水泥、建筑、交通等重点行业与重点企业中加强对化石能源消耗总量与增量的控制，加快能源结构调整。一是要对重点耗能企业实施节能监察全覆盖，开展重点区域高耗能行业能耗专项检查，对超出能源和煤炭消费总量限制、能耗核定限额的企业依法实施限产或错峰生产，并依法淘汰落后的产能和生产线，推动高污染企业搬迁入园或者依法关闭，大力推进重点行业、重点领域的绿色化改造。二是要大幅度消减煤炭生产量和消费量。加快小煤矿关闭退出，大幅减少全省煤炭开采量，尽快降低煤炭供给量在化石能源供应中所占份额，明确全省煤炭消耗总量递降幅度与退出时间表，提升煤炭清洁化利用程度。三是要积极推进能源结构清洁化，大力发展非化石能源。应以相关技术的突破为重点，不断降低非化石能源生产成本和生产难度，持续提升非化石能源生产的普及程度。统筹水电开发，积极发展光伏、风能、生物质能等非化石能源。加强新能源汽车充换电、加氢等配套基础设施建设。积极推广应用温拌沥青、智能通风、辅助动力替代和节能灯具等节能环保先进技术和产品。加大工程建设中废弃资源综合利用力度，推动废旧路面、沥青、疏浚土等建筑垃圾以及材料的资源化利用。此外，在大力提升非化石能源产能的同时，要妥善解决好非化石能源的接入和消纳问题，使非化石能源产能利用率得到保证、供给与需求匹配度不断增强。

五、建立健全绿色金融体系

一是要加快发展绿色金融市场，匹配低碳产业战略定位。在宏观层面，可参考国际做法，发行绿色国债或加大政策性绿色金融债的发行力度来引导实体产业提升直接融资比重，促进绿色金融与绿色产业的战略高度融合。在微观层面，通过制度建设提供激励约束机制，利用"互联网+产业+绿色金融"的创新模式，运用湖北绿色金融综合服务平台，为企业和金融机构从信息展示、筛选、分类等方面提供一站式对接服务和双向金融撮合服务，从而夯实绿色金融市场发展基础，倒逼绿色金融与低碳产业有机结合。

二是要创新绿色金融工具，化解低碳产业融投资困境。在前期实施碳质押贷款、碳基金、碳众筹、碳托管业务、现货远期等基础上，发挥各类绿色金融工具的优势，组合使用绿色金融工具，积极创新绿色金融手段，解决低碳企业发展的融投资困难；同时，通过地方性的创新实践对传统绿色金融工具加以优化和改进，探索绿色信贷、绿色债券、绿色股票、绿色保险等金融产品，储备更多的绿色金融工具支持低碳产业发展。此外，鼓励设立民间绿色投资基金，在林业碳汇、流域水资源等生态保护领域推进个人绿色金融业务，开发能效贷款、排污权抵质押贷款等绿色金融产品，促进低碳产业发展的公众参与。

三是要积极构建全国统一的绿色金融标准体系，促进绿色项目认定口径统一化。湖北应充分借鉴发达国家出台的《赤道原则》《绿色债券原则》和《气候债券标准》等有关绿色金融标准体系，积极对接中国人民银行、银监会、保监会等金融监管部门，探索由湖北参与构建全国统一的绿色金融标准体系。通过绿色金融标准体系构建，实现全国绿色项目的认定模式和口径的统一化，不仅可以保障全国绿色金融标准的准确性、客观性和权威性，避免由于口径不统一导致绿色项目融投资困难情况发生；而且能准确引导资源配置、把控资金流向、保障市场秩序、防范市场风险，精准地为绿色环保、污染防治、清洁减排等重点领域的项目发展提供动能，减轻资源环境压力，助力湖北低碳经济发展。

六、建立健全低碳经济发展的政策体系

湖北应突出碳达峰碳中和的工作重点与主攻方向，明确基本原则、工作方向和主要任务，压实各行业、各地方主体责任，通过理顺现有绿色经济发展政策，推动形成"1+N"政策体系，确保如期实现碳达峰碳中和目标。一方面，可充分参考与借鉴欧盟等发达经济体碳税实践经验，研究碳税政策可行性和征收方式，积极争取全国人大与国务院的支持与授权，通过整合现有环境保护税等相关税种，探索在湖北试行以碳实际排放量为参考依据的碳税试点工作。具体而言，第一步，对1万吨标煤/年以上的大企业和单位开征差别碳税，基本覆盖能源密集型行业；第二步，对小于1万吨标煤/年的企业和单位实行差级税率，并鼓励企业碳交易可抵扣碳额度。另一方面，要综合应用法律、经济和行政手段，建立高效、协调的低碳发展财政扶持政策体系和体制机制。在准确判断全省及各市（州）经济发展趋势、技术进步、产业结构变化的基础上，科学合理地制定能源消费总量和能源强度控制目标，探索创立省级低碳产业发展基金，激励超额完成减排指标的县（市）、企业，加大对低碳示范区、低碳技术研究的财政补贴力度。

七、倡导低碳生活方式

湖北通过将碳达峰碳中和目标纳入生态文明建设总体布局，寻找全省低碳发展的最大公约数，引导全民参与低碳减排的工作，从而构建人与自然生命共同体，实现人与自然和谐共生的低碳社会。一方面，要积极宣传推广相关低碳政策，推行低碳社区生活试点，充分利用互联网，在各个社交网络平台进行低碳生活理念的宣传；对广大民众进行相关气候与环境基础知识的普及，让公众充分认识到环境与气候对于人类生存的重要性，从而树立绿色能源、绿色产业、绿色消费、绿色出行、绿色建筑的价值导向，引导全体公民自觉进行低碳生活，形成全社会一致推崇绿色发展的理

念、共同遵守低碳规则的风气，使绿色成为生活的底色，低碳成为生活的时尚。另一方面，要促进绿色低碳产品消费。发挥政府部门、机关事业单位的绿色消费示范带头作用，加大政府绿色采购力度，扩大绿色产品采购范围，逐步将绿色采购制度扩展至全省所有国有企业。加强对企业和居民采购绿色产品的引导，鼓励地方采取补贴、积分奖励等方式促进绿色消费水平提升。积极推动电商平台设立绿色产品销售专区，扩大绿色产品占比。加强绿色产品和服务认证管理，完善认证机构信用监管机制。同时，积极引导企业加大对绿色食品、环保材料、绿色家居供给力度，扩大公众对绿色消费的选择空间，确实为公众提供优质低碳消费体验。

第三节　全面推进全省乡村生态振兴

乡村生态振兴，是乡村生态环境治理现代化与生态修复的根本所在。加强湖北乡村生态治理与修复，需要深入学习贯彻习近平生态文明思想，切实把思想和行动统一到省委省政府决策部署上来，深入推进农业农村生态环境保护工作，提升农业农村生态文明；要深刻把握人与自然和谐共生的自然生态观，正确处理乡村振兴与生态环境保护的关系，自觉把尊重自然、顺应自然、保护自然的要求贯穿到乡村振兴全过程；要深刻把握用最严格制度最严密法治保护乡村生态环境的方法路径，实施最严格的乡村生态资源管理制度和耕地保护制度，给子孙后代留下良田沃土、碧水蓝天。

一、加强乡村生态环境保护与修复

乡村生态环境保护功在当代、福泽子孙。在全面建设社会主义现代化强国新征程上，建设乡村生态文明和美丽湖北已经按下"快进键"。这项长远之计考验我们的治理智慧和发展能力，需要我们牢固树立社会主义生态文明观，处理好发展过程中人与自然的关系，不断转变思想、创新理念，面对问题科学施策，并持之以恒付诸行动，建设人与自然和谐共生的现代化，推动形成人与自然和谐发展现代化建设新格局，实现以乡村生态文明促进乡村高质量发展。

乡村生态系统是一个以自然为主的半人工生态系统，是乡村区域由人类、资源、各种环境因子通过各种生态网络机制而形成的一个社会经济、自然的复合体。乡村生态系统兼有生产功能、生活功能、生态功能和文化功能等，是人类社会生存、生产和发展的基础。因此，乡村生态振兴，必须树立乡村生态保护与现代化治理意识，加大乡村生态保护力度，牢固树立绿水青山就是金山银山的理念，尊重自然、顺应自然、保护自然，构建人与自然和谐共生的乡村发展新格局。要在加大农业生态系统保护力度上取得新进展，推进农业农村生态环境治理治理现代化，切实加强农产品产地保护，大力推动农业资源养护，加快构建农业农村生态环境保护制度体系，推动乡村生态建设迈上新台阶。

（一）切实加强农产品产地环境保护

农产品产地环境是农业生产的基础条件，农产品产地安全是农产品质量安全的根本保证。农产品产地安全状况不仅直接影响国民经济发展，而且直接关系到农产品安全和人体健康。一旦农产品产地被污染，由于具有隐蔽性、滞后性、累积性和难恢复性等特征，所带来的危害将是灾难性的。因此，农产品产地环境保护，是加强乡村生态环境保护工作的关键环节。

加强农产品产地环境保护，首先，应加强污染源头治理。湖北各地市州应重点开展涉重金属企业排查，严格执行环境标准，控制重金属污染物进入农田，同时加强灌溉水质管理，严禁工业和城市污水直接灌溉农田。其次，加快开展耕地土壤污染状况详查，实施风险区加密调查、农产品协同监测，进一步摸清耕地土壤污染状况，明确耕地土壤污染防治重点区域。在耕地土壤污染详查和监测基础上，将耕地环境质量划分为优先保护、安全利用和严格管控三个类别，实施耕地土壤环境质量分类管理。最后，分区域、分作物品种建立受污染耕地安全利用试点，合理利用中轻度污染耕地土壤生产功能，大面积推广低积累品种替代、水肥调控土壤调理等安全利用措施，推进受污染耕地安全利用。严格管控重度污染耕地，划定农产品禁止生产区，实施种植结构调整或退耕还林还草。

（二）大力推动农业资源养护

农业资源养护工作的顺利开展是实现农业可持续发展、农业生态振兴的关键。要把农业发展、农业资源合理开发利用和资源环境保护结合起来，遵循农业生态自然规律，保持农业生态平衡，大力推动农业资源养护，才能实现农业生态振兴。

推动农业资源养护，首先，应加快发展节水农业，统筹推进工程节水、品种节水、农艺节水、管理节水、治污节水，调整优化品种结构，调减耗水量大的作物，扩种耗水量小的作物，大力发展雨养农业。同时，建设高标准节水农业示范区，集中展示膜下滴灌、集雨补灌、喷滴灌等模式。要建立节约高效的农业用水制度，推行农业灌溉用水总量控制和定额管理；强化农业取水许可管理，严格控制地下水利用，加大地下水超采治理力度。其次，加强耕地质量保护与提升。全面提升耕地质量，加强农田水利基本建设，加强旱涝保收、高产稳产高标准农田建设。以任务精准落实到户、补助资金精准发放到户为重点，完善轮作休耕制度。最后，要强化农业生物资源保护，加强水生野生动植物栖息地和水产种质资源保护区建设，建立重点水域禁捕补偿制度，科学划定江河湖限捕、禁捕区域；大力实施增殖放流，加强海洋牧场建设，完善休渔禁渔制度。

（三）加快构建乡村生态环境保护制度体系

制度才能管根本、管长远。加大乡村生态系统保护，必须加快构建乡村生态环境保护制度体系。《乡村振兴战略规划（2018—2022 年）》明确指出，要健全重要生态系统保护制度。湖北构建乡村环境保护制度体系主要从以下几个方面着手：一是完善天然林和公益林保护制度，进一步细化各类森林和林地的管控措施或经营制度。二是完善草原生态监管和定期调查制度，严格实施草原禁牧和草畜平衡制度，全面落实草原经营者生态保护主体责任。三是全面推行河长制湖长制，鼓励将河长湖长体系延伸至村一级。四是推进河湖饮用水水源保护区划定和立界工作，加强对水源涵养区、蓄洪滞涝区、滨河滨湖带的保护。五是严格落实自然保护区、风景名胜区、地质遗迹等各类保护地保护制度，支持有条件的地方结合国家公园体制试点，探索对居住在核心区域的农牧民实施生态搬迁试点。

二、推进农村"厕所革命"

厕所问题关系到广大人民群众工作生活环境的改善，关系到乡村生态环境治理现代化的推进。对于推进"厕所革命"，湖北应该从以下几个方面入手：

（一）加强农村厕所规划设计

推进农村"厕所革命"，首先应在规划上，加强对所辖行政区划内所属公厕的现状、布点进行全面摸底调查，在明确数量和布局的基础上，将厕所纳入乡村规划。对厕所选址进行公示，广泛听取群众意见，从群众如厕需求入手，全面统筹厕所建设，切实提高规划可操作性。在设计上，加大新材料、新技术和新设备的应用，注重考虑残障人士、老人小孩等特殊群体如厕问题，充分体现设计的科学性、环保性，增强如厕的便利性。在户用厕所改建上，要迅速开展农村户用厕所情况摸底调查，对城市规划区以外所有规划保留村、中心村和三年内暂无改造撤并计划的村庄实施逐村逐户调查，摸清改造底数。乡镇、村要逐级建立农村改厕档案，设县、乡镇、村改厕工作统一电子台账，并存档备查。

（二）因地制宜选择改厕模式

按照群众接受、经济适用、维护方便、不污染公共水体的要求，合理确定农村户用无害化卫生厕所建设和改造模式。农村户厕建设在城镇污水管网覆盖到的村庄和农村生活污水集中收集处理系统建设地区，推广使用水冲式厕所；在污水管网覆盖不到的地区，推广三格化粪池式厕所；在重点饮用水源地保护区内的村庄，原则上采用水冲式厕所；在山区或缺水地区的村庄，推广使用双坑交替式厕所。鼓励加大水冲式卫生厕所建设比例，农村新建住房均要配套建设无害化卫生厕所。提倡改厕入户，确保冬季正常使用。

（三）坚持示范引领整村推进

农村"厕所革命"工作将建立"政府统一领导、公共财政扶持、动员群众参与和市场化服务"相结合的组织推进和运行体制，实行县（市、区）、乡镇、村三级联动，分级负责。积极探索户厕建设适宜技术和模式，建设一批农村户厕建设示范县、示范村，发挥示范引领作用。乡镇机关、卫生院、村委会、农村学校等单位要带头改厕，充分发挥示范乡镇、示范村、示范户的引领作用。以行政村为单位，整村组织实施，做到应改尽改，优先安排农村社区、城郊村、旅游村、饮用水源地保护区村和贫困村。各乡镇要做好先行试点工作，试点的选择重点为乡镇政府所在地、国省干道两侧、旅游景区附近的村庄。

（四）健全农村厕所管理机制

农村户厕要严格执行改厕流程、加强施工技术指导、提升工程质量管理、强化农村户厕的管理和维护。坚持"三分建设、七分管理"，切实落实公厕管理的主体责任，完善管理制度，落实管理人员，建立长效管理机制，做好日常管理、维护和保洁工作，力争做到"六无四净两通一明"，即无溢流、无积便、无烟蒂、无杂物、无蚊虫、无臭味、地面净、墙壁净、厕位净、周边净、水通、电通、灯明。科学选择农村厕所粪污收集处理方式，明确粪污收集处理具体办法。在用地用电用水等方面研究出台优惠政策，鼓励承包经营，或授予商业经营权等方式，推进公厕建设与管理的市场化和社会化，多形式、多渠道解决公厕建设资金短缺和管理不善等突出问题。

（五）加强农村改厕宣传引导

农村改厕建设与管理是一项民心工程，也是一项庞大的社会攻坚工程，基础薄弱，工作量大，涉及面广，需要厕所的建设者、管理者与使用者共同努力，在全社会大力倡导文明如厕，形成健康文明的厕所文化。要进一步加大宣传引导力度，通过各种丰富多彩的活动，增强人民群众参与"厕所革命"的积极性、创造性。

三、推进农村垃圾综合治理

随着湖北农村经济快速发展和消费方式转变，农村的生活垃圾排放量日益增长，生活垃圾类别日益复杂。由于村民居住分散和环保意识薄弱，加上长期投入不足，农村地区生活垃圾处理的问题日益严峻。推进农村生活垃圾治理，是贯彻乡村生态振兴战略的重要基础，也是补齐农村基本公共服务短板，实现乡村生态环境治理现代化的重要举措。

（一）明确农村垃圾综合治理的责任权利边界

要细分垃圾治理的相关主体，包括垃圾产生与排放主体、垃圾处理服务主体和各级政府行政主管部门等。要赋予乡镇政府相对自主的地位，让乡镇政府有权从实际情况出发决定垃圾治理的事情，建立健全符合农村实际、方式多样的垃圾收运处置体系。要均衡相关利益主体的效率与公平，遏制长期以来农村垃圾治理层面的政府失灵、社会失灵和市场失灵，实现经济效益、社会效益和生态效益的有机统一。

（二）加大农村垃圾治理的财政保障

多样化的筹资渠道有助于突破财政投入大、安全隐患多、政府包袱重的治理局限，形成一种可持续的农村生活垃圾治理模式。整合各类相关专项资金，把农村垃圾处理作为环境综合治理专项资金重点投入领域之一。实行"以奖代补"，带动引导各级地方政府投入，逐步取缔露天垃圾池、垃圾房等非密闭式垃圾收集设施。有条件的地区，尝试城市生活垃圾保洁、清运和处理模式往农村覆盖的运作方式，鼓励城市相关企业接管农村垃圾处理。根据受益原则，按照一定标准向村民收取垃圾处理费用，改变政府大包大揽的局面。

（三）引导村民参与垃圾治理

农村生活垃圾处理不仅是政府的重要职责，而且与村民行为密切相关。农村生活垃圾处理，不是"政府干，农民一边看"，要激发村民的主人翁意识，让村民认识到农村生活垃圾治理的好处。采用群众喜闻乐见的方式引导各村居民摒弃不文明、不卫生的陋习，提高文明卫生意识，树立"垃圾是放错地方的资源"的意识，主动进行垃圾分类。探索并推广积分奖励、身份明示、星级评比、红黑榜单等垃圾源头分类模式，把垃圾分类行为从"要我分"引导到"我要分"。

（四）建立长效保洁机制

按照"户分类、村收集、镇中转、县处理"的城乡一体化处理模式的总体要求，将城市生活垃圾无害化处理设施服务范围向农村延伸，建立以城带乡的生活垃圾收运体系，每个乡镇必须建成生活垃圾压缩式转运站或实现压缩运输，村庄要建设垃圾集中收集点，配齐垃圾桶和收集车辆，并加强管护。推行垃圾"干湿"分类，湿垃圾沤肥处理，干垃圾中可回收部分资源利用，有害或不可降解的垃圾妥善贮存、定期外运处理剩余灰渣、建筑垃圾等惰性垃圾就地填埋，实现农村垃圾就地减量、资源化处理。建立县（市、区）、乡镇、村三级保洁管理体制，县（市、区）设有农村垃圾管理部门，乡镇有环卫机构，配备专职管理人员，村庄建立保洁制度，按常住人口每500人左右配备1名保洁人员。建立网格化管理模式，将辖区划分成若干网格，明确各网格责任单位和目标任务，定期对网格保洁情况进行督查考评。

四、推进农村生活污水治理

随着农村生活水平的不断提高，农村生活污水的排放量也逐渐增加，农村的生态环境遭到了严重的破坏，对农民的身体健康造成了很大的威胁。因此，加快推进农村生活污水治理，不但是贯彻落实乡村生态振兴战略的重要内容，还是提高农村人居环境、深化生态文明建设、提升农民群众生活品质、实现乡村生态治理现代化的必要举措。

（一）统筹整体规划，确立规划先行机制

农村生活污水处理设施建设要整体规划，统一布局，广泛开展普查工作，制定农村生活污水治理规划，加强市县规划建设系统、各类专项项目规划与乡镇村的有机衔接，以规划带动项目，以项目争取资金，将农村生活污水治理工作落到实处。污水处理设施建设按照轻重缓急、分区分片分批逐步实施，不能一次性大干快上，以免摊子铺得太大而不能左右兼顾，导致工程不能收尾或烂尾，发挥不了应有的效果。要充分利用已建管渠进行改造利用，逐步实现雨污分流，纠正错接乱排的现象。

（二）坚持因地制宜、接管优先的处理模式

全面考虑各村地形地貌、村民居住分散程度、集体经济状况和处理后的污水净化情况等，因地制宜，选择效果稳定、维护管理简便、费用低廉、工艺流程简单的多元化农村污水处理模式。对距离城镇污水管网较近、符合高程接入要求的村庄污水处理，优先考虑接管处理模式；对确实不具备接管条件的村庄，根据村庄人口规模、聚集程度、地形地貌、排水特点、排放要求和经济水平等特点，采用污水集中处理或分散处理模式。村庄布局相对密集、规模较大、经济条件较好及位于环境敏感区域内的村庄，要统一建设相对集中的处理设施；村庄布局分散、规模较小、地形条件复杂、污水不易集中收集的村庄，宜选择分散处理模式。在处理技术的选择上，可利用农村土地资源充裕的优势，选择高效藻类塘、生态系统塘

和土地处理系统等,尤其是土地处理系统中的人工湿地技术。或采用集中简易处理后,作为农村灌溉用水等。此外,可以选择经济效益较高、环境敏感和污染严重区域,如"农家乐"旅游区和饮用水源地等先行实施,以点带面,统筹推进。

(三) 积极采用经济适用、简便高效的处理设施

对照村庄生活污水排放标准,参照农村生活污水处理适用技术指南,比较不同污水处理技术的特点、优势、投资费用、水质处理结果以及后期运行费用等情况,采用经济有效、简便易行、工艺可靠、费用节约、高效率的污水处理技术。对人口规模较大、聚集程度较高、经济条件较好的村庄,可建设高效强化的有动力污水处理集成技术与设备;其他村庄可根据当地社会经济发展状况和水环境保护目标的要求,建设微动力或微动力的组合生态处理系统,力求处理效果稳定、运行维护简便、投入经济合理;充分利用地形地势、水塘及闲置地,实现污染物的生物降解和氮、磷的生态去除,降低能耗,节约成本。

(四) 发挥多元筹资、社会参与的导向作用

采取"政府引导、镇村为主、县(市、区)配套"的资金筹措方式,探索多元化融资渠道,充分调动全社会对水环境治理投入的积极性,全力促进村庄生活污水治理工作长效发展。将农村生活污水治理经费纳入各级政府财政资金预算,以县(市、区)资金安排为主体,各级财政建立相应的财政转移支付制度。积极争取中央、省专项资金,市财政要进一步优化专项资金支出结构,并视财力状况加大扶持力度。各级政府要把农村生活污水治理列入公共财政支持的重点项目,将环境保护的专项资金向农村生活污水治理倾斜;建立健全农村生活污水治理设施运行维护资金筹措机制,加大管护经费投入,除日常管护支出外,各县(市、区)每年应安排一定资金作为长效管护基金,长期积累,用于污水治理设施的大修和定期更新,确保污水治理设施正常运行、长久运行。积极探索农村生活污水主

要污染物治理有偿化制度，出台税收、信贷、征地等一系列支持政策，积极创新投融资渠道，鼓励企业和社会资金投入。引导和支持民营企业、社会团体等社会力量，通过投资、捐助、认建等形式，参与农村生活污水治理项目建设和运行维护。充分调动村集体和农户建设积极性，引导他们出资出劳开展农村生活污水治理。

（五）建管并重，落实长效管理机制

完善农村生活污水治理的相关法律规范，应适时启动农村生活污水治理立法调研，完善审批、准入、监督、验收和维护等一系列制度，建立责任追究、奖惩制度，明确责任。进一步规范农村生活污水治理体系，涵盖治理设施设计、建设、验收、运行维护、资金投入、达标排放及固废处理等各个环节。在"以块为主、条块结合"的属地管理体系的基础上，进一步厘清县、乡镇、村层面的责任范围，明确县级人民政府是农村生活污水治理的责任主体，乡镇人民政府是业主单位以及村级层面的责任边界和内容。进一步理顺环保、农办、建委等相关职能部门职责，加强各部门在农村生活污水治理规划、建设、运行、监督等方面的合作。

完善审批、准入、监督、验收和维护等一系列制度，建立健全农村生活污水项目负责人和绩效考评制度，将农村污水治理工作绩效纳入地方政府综合考评。在加强基层水利服务机构、乡镇生活污水治理专业管理和技术队伍建设的基础上，进一步完善村级组织兼（专）管员制度，着力提高村民的生活污水排放和污水治理设施养护能力，确保治污设施维持良好的运行状态。

（六）加强宣传引导，形成社会共识

地方政府应积极探索生活污水治理机制，制定相应村规来治理生活污水，并实施相关措施以减少污水处理费用，促使农村居民积极参与污水治理建设。要通过多层次、多渠道的舆论引导，使村民充分认识到生活污水治理的必要性和紧迫性，改变村民和村干部"你要我用""我该无偿使用"

"政府会管"等想法，树立主人翁意识，形成"我要治"观念。大力增强和提高农村居民的环保意识，鼓励其节约用水，规范其排放生活污水行为。强化村民参与制度，在生活污水治理设计、选址和投资过程中，确保村民的知情权、参与权、决策权和管理权。通过村级"一事一议"制度，鼓励村民积极投身生活污水处理设施建设与维护，调动其积极性。

五、构建农村生态聚落体系

农村生态聚落体系是指传承乡土特质、乡土文化、生态理念的农村发展新载体。建设农村生态聚落体系，是通过整合集镇和村庄的生态、环境、资源、经济、社会等优势，激发农村生态聚落体系发展的内生动能，在不同类型村庄有机整合的基础上实现村庄生态化集群式组团发展。建设农村生态聚落体系，既要改变工业文明逻辑下不合理的生产、生活、消费方式，树立尊重自然、顺应自然、保护自然的生态文明发展理念，又要以人与自然和谐共生的站位，为老百姓留住鸟语花香田园风光，持续推进乡村生态振兴。

围绕乡村生态振兴要求，顺应村庄发展规律和演变趋势，根据不同村庄的发展现状、区位条件、资源禀赋等，按照集聚提升、特色保护、搬迁撤并的思路，分类推进乡村生态振兴，构建分工合理、功能明晰、生态宜居的乡村聚落体系，建设美丽宜居村庄。

（一）加强村庄建设

一方面，要强化中心村庄建设。现有规模较大的中心村和其他仍将存续的一般村庄，占乡村类型的大多数，是乡村振兴的重点。对资源禀赋丰裕、生态环境友好、产业支撑较强、地理位置优越、集体经济实力雄厚的村庄，鼓励发挥自身比较优势，强化主导产业支撑，支持农业、工贸、休闲服务等专业化村庄发展。科学确定村庄发展方向，在原有规模基础上有序推进改造提升，进一步增强产业优势、环境优势、竞争优势，高标准打造示范样板，即基础设施配置齐全，公共服务功能完善，村容村貌整洁有序，房屋建筑特色鲜明，农村环境优美宜居，民主管理制度健全，乡风习俗文明健康，特色产业优势明显，产业融合发展，农村集体经济实力、人口和产业吸纳带动能力不断增强，农民生活幸福安康。

另一方面，提升特色村庄发展。特色村庄主要指具备特色资源、产业基础较好，尤其是文化底蕴深厚、历史悠久、风貌独特的村庄，一般包括历史文化名村、传统村落、少数民族特色村寨、特色景观旅游名村等自然历史文化特色资源丰富的村庄，它们是彰显和传承中华优秀传统文化的重要载体。要发挥特色资源价值，加快打造文化特色型、生态特色型和产业特色型等村庄，推进文旅融合、农旅融合发展。统筹保护、利用与发展的关系，努力保持村庄的完整性、真实性和延续性。切实保护村庄的传统选址、格局、风貌以及自然和田园景观等整体空间形态与环境，全面保护文物古迹、历史建筑、传统民居等特色建筑。尊重原住居民生活形态和传统习惯，加快改善村庄基础设施和公共环境，合理利用村庄特色资源，探索设立村庄建设保护红线，推动特色资源保护与村庄生态环境治理良性互动。

（二）打造乡村聚落景观

乡村聚落景观是指以农业经济活动为主要形式的人类居住和进行生产劳动的场所，由农田、建筑、绿化、交通、水文等构成，是自然环境和乡村居民活动的综合载体，是乡村地区社会与文化生态环境的客观表现，也是乡村经济发展与文化生态环境演变的见证。乡村聚落景观因与自然完美融合，整合了丰厚的乡土资源，具有独有的人文艺术价值、美学价值和旅游价值。因此，加强乡村聚落景观营造，不仅有利于促进乡村旅游产业发展、提高农村居民收入水平，而且对保护乡村生态环境、实现乡村生态振兴具有重要意义。

1. 统筹乡村聚落景观整体格局

乡村聚落是在顺应自然的前提下，经过人类社会的发展演化以及人与自然环境的相互作用而形成的，乡村聚落的"自然生境—聚落形态—民居场所"景观整体格局已经成为自然生态系统中不可分割的一部分。因此，应紧密围绕乡村生态振兴整体要求，统筹乡村聚落景观整体格局营造。根据各乡村自身发展优势，依托自然生态，优化调整和强化"自然生境—聚落形态—民居场所"的乡村聚落景观整体格局。建设和完善乡村聚落的基础设施，科学规划乡村聚落的各项设施、提升乡村聚落的空间利用效率。重视保护乡村农业，力求维护乡村农业景观的丰富性与多样性，从而促进农业景观与自然景观和谐发展。保护和整合乡村聚落景观原有的形态、机理、文脉，保持乡村聚落景观的完整性和真实性，创造一个具备生态良好、历史延续、文化特色显著和认同感鲜明的乡村聚落景观格局。

2. 打造乡村聚落景观田园风貌

田园山水是由田园景观、自然山水等要素组合的自然有机体，是乡村聚落景观的基础，体现了乡村聚落景观的基本特质。在打造乡村聚落景观时，应着力打造乡村聚落景观田园风貌。充分尊重乡村地域条件，以诗化田园为灵魂，将农田、水渠、池塘、山体、林地等自然要素有机组合，保持生态的多样性，完善传统乡村聚落自然景观体系。利用"反规划"原理，优先规划和设计乡村生态基础设施，将乡村聚落中的非建设用地，进行生态性恢复工作。维护和强化乡村聚落中山水格局的连续性，保护和建立当地多样化的乡土生态系统，维护和恢复河流水系的自然形态，保护和恢复湿地系统，保护遗产景观网络。

3. 凸显乡村聚落特色文化景观

乡村聚落的文化景观是指凝结于聚落建筑、经济空间和社会空间的有形和无形文化形式，包括文学、艺术、语言、服饰、民俗、民情、思想、价值观等，是一种生态文化。作为一种特定的形态和文化，乡村聚落生态文化有很高的景观价值，一般具有独特的建筑形式、空间布局形式及相应的自然地理地貌及人文背景。乡村聚落景观的建设须优先考虑乡土资源，体现地域文化特征，营建亲和友善的人文环境，实现人与自然的良性互动。应充分结合各地文化特点，有针对性地实行拆旧新建，对旧区内具有重要文化价值的历史建筑给予保护和修缮，保证历史建筑的结构和格局在新农村建设过程中不受影响。提炼乡村聚落文化与历史元素，保留与完善原有乡村聚落的内部结构，将特有的乡村元素与现代化的规划建设相互融合，营造传统与现代相融合的新型乡村聚落风貌，形成特有的乡村聚落历史文化景观，保证传统文化与地方特色得到传承和延续。

（三）优化乡村"三生"空间

乡村"三生"空间是指乡村生产空间、生活空间和生态空间，"三生"空间是农村生产、生活和生态的主要载体。要按照生产空间集约高效、生活空间宜居适度、生态空间山清水秀的总体要求，统筹乡村空间资源配置，合理布局生产空间、生活空间、生态空间，实现乡村更高质量的产业发展，更加均等的生活服务，更为健康的生态环境。

一是要高效利用乡村生产空间。乡村生产空间是以提供农产品为主体功能的国土空间，兼具生态功能。应适应农业现代化发展趋势以及产业融合发展的需要，加快优化乡村产业空间布局，完善配套服务设施建设，优化生产经营流通体系，提升生产空间集约利用效率。加快落实农业功能区制度，科学合理划定粮食生产功能区、重要农产品生产保护区和特色农产品优势区，合理划定养殖业适养、限养、禁养区域，严格保护农业生产空间。以县城重点镇和产业园区为主要载体，加快涉农工业产业集聚发展，发挥规模经济效益。优化涉农三产服务业布局，以农产品优势产区为主体，加强农产品集散中心、物流配送中心和展销中心建设，为农业发展提供强大支撑。推进土地适度规模经营，加快扶持家庭农村合作社、农业龙头企业等新型农业经营主体，发展农业生产性服务业，鼓励开展市场化和专业化服务。适应农村现代产业发展需要，科学划分乡村经济发展片区，统筹推进农业产业园、科技园、创业园等各类园区建设，推进农业规模化、标准化生产。

二是要优化布局乡村生活空间。乡村生活空间是以农村居民点为主体、为农民提供生产生活服务的国土空间。坚持节约集约用地，遵循乡村传统和格局，划定空间管控边界，明确用地规模和管控要求，确定基础设施用地位置、规模和建设标准，合理配置公共服务设施，引导生活空间尺度适宜、布局协调、功能齐全。积极推进乡村生活圈的建设，以不同生活圈的服务半径、服务规模为依据，统筹配置教育、医疗、商业等公共服务设施，促进城乡基本公共服务均等化。强化空间发展的人性化、多样化，规划建设农村社区党群服务中心、文体活动广场、村级办公场所、公园、停车场等村落公共生活空间，配套完善乡村菜市场、快餐店、配送站等大众化服务网点，推进建设乡村电子商务服务体系，充分满足农民休闲、娱乐、消费等多方面需求。适应老龄化发展态势，加快幸福院、老年活动室、养老院等老年设施建设，提升人性化发展水平。

三是要严格保护乡村生态空间。乡村生态空间是具有自然属性、以提供生态产品或生态服务为主体功能的国土空间。划定并严守生态保护红线，强化对乡村生态安全具有重要影响的山脉、森林、河流、湖泊、湿地等重要生态空间保护，打造乡村与生态共融，人与自然和谐发展的良好格局。树立山水林田湖草生命共同体的理念，加强对自然生态空间的整体保护，修复和改善乡村生态环境，提升生态功能和服务价值。全面实施产业准入负面清单制度，推动各地因地制宜制定禁止和限制发展产业目录，明确产业发展方向和开发强度，强化准入管理和底线约束。实施生态修复工程，加强饮用水水源地保护，强化矿区生态治理，推进平原农田林网以及河流防护林体系建设，维护乡村生态安全。加强乡村环境治理，实施水污染、土壤污染防治行动，严禁城镇污染向乡村转移扩散，打造山青、水碧、天蓝、地绿的宜居生态环境。

六、促进城乡绿色融合

城乡空间包含了城镇、农业和生态的"全空间"，涉及环境、社会、经济的"全要素"，涵盖乡村发展过去、现在、未来的"全过程"。按照有利生产、方便生活、适度集中的要求，引导和调控城乡融合发展，合理确定农村新型社区和乡村建设模式、数量、布局和建设用地规模，形成分工明确、梯度有序、开放互通的城乡空间结构体系。湖北促进城乡绿色融合的关键是要建立绿色发展引领规划体系、推进城乡融合发展、优化城乡生态格局、稳定推进城乡用地整治、加强城乡基础设施生态化建设。

（一）建立绿色发展引领规划体系

湖北因地制宜，以"复合生态观"为基础，持续、健康、协同为导向，对标国际绿色发展愿景和标准，建立涉及环境、社会、经济、治理等方面的规划建设指标体系，兼顾重点与全局、特色与共性、约束与引导、实施与愿景，建设绿色生态村庄。统筹全省自然资源开发利用、保护和修复，按照不同主体功能定位和水陆统筹原则，开展资源环境承载能力和国土空间开发适宜性评价，科学划定生态、农业、城镇等空间和生态保护红线、永久基本农田、城镇开发边界及湖泊生物资源保护线等主要控制线，推动主体功能区战略格局在市县层面精准落地，健全不同主体功能区差异化协同发展长效机制，实现山水林田湖草整体保护、系统修复、综合治理。

（二）推进城乡融合发展

湖北应摒弃过去"城镇吞噬乡村、乡村供养城镇"的单向物质流动模式，按照系统协同原则，发挥各自的资源禀赋优势，实现人流、物流、资金流、信息流的双向流动，再现荆楚传统文化中"诗意栖居"的人居境界。通盘考虑城镇和乡村发展，统筹谋划产业发展、基础设施、公共服务、资源能源、生态环境保护等主要布局，形成田园乡村与现代城镇各具特色、交相辉映的城乡发展形态。强化县域空间规划和各类专项规划引导约束作用，科学安排县域乡村布局、资源利用、设施配置和村庄整治，推动村庄规划管理全覆盖。综合考虑村庄演变规律、集聚特点和现状分布，结合农民生产生活半径，合理确定县域村庄布局和规模，避免随意撤并村庄搞大社区、违背农民意愿大拆大建。加强乡村风貌整体管控，注重农房单体个性设计，建设立足乡土社会、富有地域特色、承载田园乡愁、体现现代文明的升级版乡村，避免千村一面，防止乡村景观城市化。

（三）优化城乡生态格局

优化从乡村到城市的自然生态格局。推进自然生态保护、修复和建设，建构结构完整、通道连续、生物多样、功能丰富的湖北自然生态格局，实现"生态空间山清水秀"。按照"中心城市组团式发展、中小城市紧凑发展、小城镇聚集发展"的原则，建立以武汉、宜昌、襄阳为城市圈的大中小城市和小城镇协调发展的城镇格局，以多极、轴线与组团式发展的城乡布局结构。增强城镇地区对乡村的带动能力。因地制宜发展特色鲜明、产城融合、充满魅力的特色小镇和小城镇，加强以乡镇政府驻地为中心的农民生活圈建设，以镇带村、以村促镇，推动镇村联动发展。建设生态宜居的美丽乡村，发挥多重功能，提供优质产品，传承乡村文化，留住乡愁记忆，满足人民日益增长的美好生活需要。

（四）稳步推进城乡建设用地整治

湖北坚持以统筹城乡发展为导向，以乡村生态振兴为目标，以保障农民权益为根本，开展城乡建设用地增减挂钩试点，释放农村建设用地潜力，促进土地集约节约利用，优化城乡建设用地布局，为推动乡村振兴拓展用地空间。增减挂钩必须充分尊重农民意愿，维护农村集体经济组织和农民的主体地位，增减挂钩指标应优先用于项目所在地的农民生产生活、农村新型社区、农村基础设施和公益设施建设，并留足农村非农产业发展建设用地空间，支持农村新产业新业态发展和农民就近就地就业。节余指标调剂到城镇使用时，可优先用于商服、商品性住宅等经营性用地，以最大限度提高土地增值收益。按照国家统一部署积极推进宅基地制度改革，提高闲散宅基地的使用效益，减少新增宅基地占用耕地。

（五）加强城乡基础设施生态化建设

一是建设绿色化的公共设施和公用设施。应对人口结构和居民需求的变化，改进公共服务设施配置内容和标准，建立等级清晰、分布均好的公益性公共服务设施体系，推进公共服务设施的开放共享。推进"微降解、微净化、微中水、微能源、微冲击、微交通、微更新、微绿地、微农场、微医疗、微调控"等绿色理念、技术、措施在传统市政基础设施规划建设中的应用。二是提倡绿色交通。采用高效率、高舒适、低能耗、低污染的交通方式，完成人流、物流的运输活动。配合以紧凑、混合的建设用地布局减少出行总需求。三是建设可持续水系统。按照"节流优先、治污为本、多渠道开源"的水资源开发利用策略，逐步降低人均水耗。协同水系统在灌溉、供水、防洪、生态、景观、文化、旅游、交通等方面的综合功能。四是提高全社会用能效率，遏制能源消费总量过快增长。优化能源结构，推进工业节能、建筑节能和交通节能。

七、推动乡村生态资源价值实现

良好生态环境是农村的最大优势和宝贵财富，但优良的生态环境不会自动产生价值。让绿水青山成为金山银山，关键要做好转化文章。要立足自身优势，以生态环境友好和资源永续利用为导向，盘活乡村各种资源，深度挖掘发展潜力，做大做强"生态+"产业体系，实现生态资源多元化增值。

（一）发挥自然资源的多重效益

湖北应进一步强化乡村的自然资源管理，把保护自然资源和生态环境放在突出位置，重点保护好乡村的土地和矿产等不可再生资源，大力加强乡村林地和水源等绿色生态资源的保护。注重对乡村原本风貌的保护，挖掘特色乡土味道，在此基础上统筹兼顾农村的生产、生活，发挥自然资源多重效益，将乡村生态优势转化为发展生态经济的优势。

1. 盘活乡村资源，实现多元化增值

首先，要坚持自然价值和自然资本的理念。劳动和自然共同构成了财富的源泉，自然为劳动提供材料，劳动将材料转变为财富。自然资源参与了价值的形成，故存在着自然价值。自然价值能够带来价值的增值，故存在着自然资本。由于存在着自然价值和自然资本，绿水青山才可以转化为金山银山。习近平总书记指出："要坚定推进绿色发展，推动自然资本大量增值，让良好生态环境成为人民生活的增长点、成为展现我国良好形象的发力点。"① 在承认自然价值和自然资本的基础上谋求发展，才能够实现绿色发展。

其次，追求全面的乡村资源价值。湖北乡村生态环境治理要以乡村价值系统为基础，善于发现乡村价值，探索提升乡村价值的途径。一方面，乡村具有的生产与经济价值是乡村价值体系的基础。村落形态与格局、田园景观、乡村文化与村民生活连同乡村环境一起构成重要的乡村产业资源，种植业、养殖业、手工业和乡村休闲旅游业等都只有在乡村这个平台上才能满足人们对美好生活的需求，实现真正的产业融合。另一方面，乡村具有的生态与生活价值是生态宜居的理想空间。乡村作为完整的复合生态系统，以村落地域为空间载体，将村落的自然环境、经济环境和社会环境通过物质循环、能量流动和信息传递等机制，综合作用于农民的生产生活。此外，乡村的文化与教化价值是乡村治理和乡风文明的重要载体。特色院落、村落、田园相得益彰，特别是诸如耕作制度、农耕习俗、节日时令、地方知识和生活习惯等农业文化，均表现在乡村所具有的信仰、道德，所保存的习俗和所形成的品格中。

再次，加强耕地资源质量提升。深入实施耕地质量提升计划，扩大实施规模，推广秸秆还田、土壤改良、病虫害绿色防控等综合配套技术。积极稳妥推进耕地轮作试点，加强轮作耕地管理，加大轮作耕地保护和改造力度，优先纳入高标准农田建设范围，实现用地与养地结合，多措并举保护提升耕地产能。全面推进建设占用和工矿企业生产建设活动占用耕地耕作层土壤剥离再利用。

加大土地整治力度，大力实施中低产田改造工程，推进高标准农田

---

① 《读懂绿色发展，这篇文章不能错过》，光明时政，http：//politics.gmw.cn/2019-05/30/content_32877927.htm。

建设。

最后，进一步盘活森林、湿地等生态资源。实施特色经济林示范基地工程。深化集体林权制度改革，扩大商品林经营自主权，放活对集体和个人所有的人工商品林采伐和运输管理。鼓励各类社会资本通过租赁、转让等方式取得林地经营权，支持经营者兴办家庭林场、股份制合作林场、农村合作组织、龙头企业等新型林业经营体，培育林业专业大户。鼓励建立生态林场，开展专业化生产经营，并逐步扩大其承担的涉林项目规模。鼓励各类社会主体参与湿地生态保护修复，对集中连片开展生态修复达到一定规模的经营主体，允许在符合土地管理法律法规和土地利用总体规划、依法办理建设用地审批手续、坚持节约集约用地的前提下，利用1%~3%治理面积从事旅游、康养、体育、设施农业等产业开发。

2. 实施"生态+"战略，打造乡村生态产业链

按照乡村生态振兴要求，实施一二三产业的生态化改造和转型升级。立足本乡本土资源优势，大力发展"生态+"产业，不断延伸农业的价值链，打造乡村生态产业链。推进建立休闲观光、娱乐体验、养生养老产业、农村电商产业等新产业新业态新模式，推动乡村从主要"卖产品"向更多"卖风景""卖文化""卖体验"转变。把绿水青山转化为实惠的金山银山，实现百姓富、生态美的统一。

一是生态种养。立足当地优势，坚持因地制宜，宜林则林、宜果则果、宜花则花、宜苗则苗，大力推行林果、林药、林苗、林菌等立体种植模式，提高综合效益。通过退耕还果还林工程，积极发展具有区域特色的经济林种植，建设一批林下经济、特色林果、木本油料、苗木花卉等标准化生产基地，提高名优果产品的生产供给能力，带动农民就业增收。充分发挥林业多种功能，积极推动一二三产业融合发展，大力开发林下种养新模式，建设一批森林公园、观光果园等田园综合体，发展新业态，挖掘网络资源，采用与电商或实体经销商合作的方式把绿色农产品从幕后推到台前。

二是生态旅游。顺应人民群众对乡村优美风光、生态产品和服务需求

不断增长的趋势，正确处理开发与保护的关系，将乡村生态优势转化为发展生态经济的优势，提供更多更好的绿色生态产品和服务，促进生态和经济良性循环。以武汉城市圈为主要突破口，重视培育旅游开发经营者和游客的环境保护意识，开发观光、休闲、度假旅游产品，发展特色旅游产业吸引城市居民来享受农村的绿水青山，积极推动生态环境型乡村旅游发展模式。依托乡村文化历史，挖掘地域文化内涵，用文化增强乡村的魅力；整合恩施等地方民族特色和优秀的习俗传统，与乡村现代发展相结合，形成独具魅力的地域文化，依托生态、文化、旅游"三位一体"优势，扩大、丰富产业链。推广神农架林区等耕作体验、原生态生活体验、野外生存体验、动手制作体验、场景体验、文化体验、山水田园体验等一批各具特色的旅游休闲观光景区。实施休闲农业和乡村旅游精品工程，发展乡村共享经济等新业态，推动科技、人文等元素融入农业。

三是生态健康。满足人民群众对乡村优美风光、生态产品和服务需求，充分利用乡村的自然、生态、气候优势，围绕健康、养老两大领域，提供更多更好的绿色生态产品和服务。聚焦"健康食品、健康医药、健康运动、健康旅游"四大产业，以黄冈等地"大健康"产业统领一二三产业发展，将乡村打造成宜居宜业宜游的健康生活目的地。按照"绿色、生态、有机野生"的理念，培植具有地方特色和地方优势的食品制造产业，研发一批以植物为主的保健品、生物添加剂等植物产业产品。发展门类齐全的健康俱乐部和智力运动，培育发展健身、漂流、露营、徒步、自行车、山地户外运动、驴友健身等各类体育健康运动俱乐部。鼓励咸宁等具备一定资源条件的乡村，打造以温泉康体养生、中医治疗保健、休闲运动健康等为主的大健康旅游。建设一批温泉养生基地、温泉小镇，发展"旅游+中医疗养""旅游+健康运动"，推动温泉旅游产品转型升级。

（二）探索生态资源管护机制

推动乡村生态环境治理现代化，实施乡村生态振兴，必须建立以产业生态化和生态产业化为主体的生态经济体系。产业生态化是指在自然系统承载能力内，对特定地域空间内产业系统、自然系统与社会系统之间进行耦合优化，达到充分利用资源，消除环境破坏，协调自然、社会与经济的可持续发展；生态产业化依据生态学和经济学等的生态服务和公共产品理论，将生态环境资源作为特殊资本来运营，实现保值增值，促进经济与生态良性循环。将生态服务由无偿享用的资源转变为需要支付购买的商品，按照社会化大生产、市场化经营的方式来实现生态服务和生态产品的价值。

一是实施生态资源管护三级联动网格化体系，按照"属地管理、分级负责、全面覆盖、责任到人"的原则，依照相关法律法规履行生态资源保护责任，实施横向到边、纵向到底的网格化监管体系。将森林管护与野生动物保护、林区火灾监测、林区道路维护、村寨绿化和环境卫生整治、村级旅游景点旅游秩序和环境生态维护等内容纳入管护职责范围。

二是注重"三级联动"的运行管理机制搭建，建成县级总社、乡级联社、村（社区）级合作社"三级联动"的运行管理机制，由政府向合作社购买服务，合作社对社员实施管理，避免将管护岗位视为普惠性社会福利，实现劳务增收。注重采用"地方+企业"共管机制，强化对村级合作社的指导、培训、监督、管理、考核等职责，形成专业管护队伍与生态资源管护合作社"共建共管、全域覆盖"的管护模式。

三是扶贫与生态资源管护结合，大力开发生态公益性岗位。从建档立卡的脱贫户中遴选生态护林员、湿地管护员等，为贫困家庭增收提供稳定支撑。明确生态公益岗位退出机制，脱贫户如在公益岗位上出现以下两种情况之一的应予以退出：一是生态公益岗位从业者本人或家庭成员有其他稳定的、可以确保不返贫的收入来源；二是在岗期间脱贫户本人出现重大工作失误、身体不适等不可逆因素。

四是全民参与，共同管护。通过门户网站、广播、电视、主题宣传活动、宣传牌、宣传册等多种宣传方式，加大《森林法》《野生动物保护法》《自然保护区条例》等相关法律法规的宣传教育工作，提高居民的生态保护意识。设立生态管护员工作岗位，鼓励当地群众参与生态管护服务。

第四节　加快无废城市建设

"无废城市"是以创新、协调、绿色、开放、共享的新发展理念为理论引领，通过推动形成绿色发展方式和生活方式，持续推进固体废物源头减量和资源化利用，最大限度减少填埋量，将固体废物环境影响降至最低的城市发展模式。"无废城市"并不是没有固体废物产生，也不意味着固体废物能完全资源化利用，而是一种先进的城市管理理念，旨在最终实现整个城市固体废物产生量最小、资源化利用充分、处置安全的目标，需要长期探索与实践。现阶段，湖北要积极申请并通过"无废城市"建设试点，系统统筹经济社会发展中的各类固体废物管理，全力推进源头减量、资源化利用和无害化处置，坚决遏制非法转移倾倒。

一、强化顶层设计与制度创新

按照国家《"无废城市"建设指标体系（试行）》，发挥导向引领作用，与绿色发展指标体系、生态文明建设考核目标体系衔接融合。健全固体废物统计制度，统一工业固体废物数据统计范围、口径和方法，完善农业废弃物统计方法。一是优化固体废物管理体制机制，强化政府部门分工协作。根据城市经济社会发展实际，以深化地方机构改革为契机，建立跨部门责任清单，进一步明确各类固体废物产生、收集、转移、利用、处置等环节的部门职责边界，提升监管能力，形成分工明确、权责明晰、协同增效的综合管理体制机制。二是加强制度政策集成创新，增强建设方案系统性。落实《生态文明体制改革总体方案》相关改革举措，围绕"无废城市"建设目标，集成目前已开展的有关循环经济、清洁生产、资源化利用、乡村振兴等方面改革和试点示范政策、制度与措施。在继承与创新基础上，各地市州制定"无废城市"建设实施方案，明确改革的任务措施，增强相关领域改革系统性、协同性和配套性。三是统筹城市发展与固体废物管理，优化产业结构布局。组织开展区域内固体废物利用处置能力调查评估，严格控制新建、扩建固体废物产生量大、区域难以实现有效综合利用和无害化处置的项目。构建工业、农业、生活等领域间资源和能源梯级利用、循环利用体系。积极推动构建产业园区企业内、企业间和区域内的循环经济产业链运行机制。明确规划期内城市基础设施保障能力需求，将生活垃圾、城镇污水污泥、建筑垃圾、废旧轮胎、危险废物、农业废弃物、畜禽养殖粪污、病死畜禽无害化、报废汽车等固体废物分类收集及无害化处置设施纳入城市基础设施和公共设施范围。

二、推动大宗工业固体废物贮存处置总量趋零增长

全面实施绿色开采，减少矿业固体废物产生和贮存处置量。以煤炭、有色金属、黄金、冶金、化工、非金属矿等行业为重点，按照绿色矿山建设要求，因矿制宜采用充填采矿技术，推动利用矿业固体废物生产建筑材料或治理采空区和塌陷区等。湖北各地市州的大中型矿山严格按照绿色矿山建设要求和标准，全力推进绿色矿山建设。一是开展绿色设计和绿色供应链建设，促进固体废物减量和循环利用。大力推行绿色设计，提高产品可拆解性、可回收性，减少有毒有害原辅料使用，培育一批绿色设计示范企业；大力推行绿色供应链管理，发挥大企业及大型零售商带动作用，培育一批固体废物产生量小、循环利用率高的示范企业。以铅酸蓄电池、动力电池、电器电子产品、汽车为重点，落实生产者责任延伸制，按国家要求开展湖北废弃产品逆向回收体系建设。二是健全标准体系，推动大宗工业固体废物资源化利用。以尾矿、煤矸石、粉煤灰、冶炼渣、工业副产石膏等大宗工业固体废物为重点，完善综合利用标准体系，分类别制定工业副产品、资源综合利用产品等团体标准和企业标准。推广一批先进适用技术装备，推动大宗工业固体废物综合利用产业规模化、高值化、集约化发展。严格控制增量，逐步解决工业固体废物历史遗留问题。以尾矿渣等为重点，推行高效综合利用技术，全面摸底调查和整治工业固体废物堆存场所，逐步减少历史遗留固体废物贮存处置总量。

三、促进主要农业废弃物再利用

一是以畜牧养殖为重点，以种养循环发展机制为核心，逐步实现畜禽粪污就近就地综合利用。统筹病死畜禽及其产品收集和无害化处理，对处理的产出物进行资源化利用。在肉牛、羊和家禽等养殖场鼓励采用固体粪便堆肥或建立集中处置中心生产有机肥，在生猪和奶牛等养殖场推广快速低排放的固体粪便堆肥技术、粪便垫料回用和水肥一体化施用技术，加强二次污染管控。推广畜禽粪污综合利用、种养循环的多种生态农业技术模式。二是以收集、利用等环节为重点，坚持因地制宜、农用优先、就地就近原则，推动区域农作物秸秆综合利用。以秸秆还田、优质粗饲料产品、固化成型燃料、食用菌基料和育秧、育苗基料，生产秸秆板材和墙体材料为主要技术路线，建立肥料化、饲料化、燃料化、基料化、原料化等多途径利用模式。三是以回收、处理等环节为重点，提升废旧农膜及农药包装废弃物再利用水平。建立政府引导、企业主体、农户参与的回收利用体系。推广一膜多用、行间覆盖等技术，减少地膜使用。推广应用标准地膜，禁止生产和使用厚度低于 0.01 毫米的地膜。有条件的城市，将地膜回收作为生产全程机械化的必要环节，全面推进机械化回收。按照"谁购买谁交回、谁销售谁收集"原则，探索建立农药包装废弃物回收奖励或使用者押金返还等制度，对农药包装废弃物实施无害化处理。

四、推动生活垃圾源头减量和资源化利用

首先，以绿色生活方式为引领，促进生活垃圾减量。通过发布绿色生活方式指南等，引导公众在衣食住行等方面践行简约适度、绿色低碳的生活方式。支持发展共享经济，减少资源浪费。禁止生产、销售和使用一次性不可降解塑料袋、塑料餐具，扩大可降解塑料产品应用范围。加快推进快递业绿色包装应用，逐渐淘汰重金属和特定物质超标的包装物料。推动公共机构无纸化办公。在宾馆、餐饮等服务性行业，推广使用可循环利用

物品，限制使用一次性用品。创建绿色商场，培育一批应用节能技术、销售绿色产品、提供绿色服务的绿色流通主体。

其次，加强建设资源循环利用基地建设。强化生活垃圾分类，推广可回收物利用、焚烧发电、生物处理等资源化利用方式。垃圾焚烧发电企业实施"装、树、联"（垃圾焚烧企业依法依规安装污染物排放自动监测设备；在厂区门口树立电子显示屏实时公布污染物排放和焚烧炉运行数据；自动监测设备与生态环境部门联网），强化信息公开，提升运营水平，确保达标排放。以餐饮企业、酒店、机关事业单位和学校食堂等为重点，创建绿色餐厅、绿色餐饮企业，倡导"光盘行动"。促进餐厨垃圾资源化利用，拓宽产品出路。此外，开展建筑垃圾治理，提高源头减量及资源化利用水平。摸清建筑垃圾产生现状和发展趋势，加强建筑垃圾全过程管理。强化规划引导，合理布局建筑垃圾转运调配、消纳处置和资源化利用设施。加快设施建设，形成与城市发展需求相匹配的建筑垃圾处理体系。开展存量治理，对堆放量比较大、比较集中的堆放点，经评估达到安全稳定要求后，开展生态修复。在有条件的地区，推进资源化利用，提高建筑垃圾资源化再生产品质量。

五、强化危险废物全面安全管控

筑牢危险废物源头防线。新建涉危险废物建设项目，严格落实建设项目危险废物环境影响评价指南等管理要求，明确管理对象和源头，预防二次污染，防控环境风险。以有色金属冶炼、石油开采、石油加工、化工、焦化、电镀等行业为重点，实施强制性清洁生产审核。一方面，要夯实危险废物过程严控基础。开展排污许可"一证式"管理，探索将固体废物纳入排污许可证管理范围，掌握危险废物产生、利用、转移、贮存、处置情况。严格落实危险废物规范化管理考核要求，强化事中事后监管。全面实施危险废物电子转移联单制度，及时掌握流向，大幅提升危险废物风险防控水平。运输危险废物，应遵守国家有关危险货物运输管理的规定。落实《医疗废物管理条例》，强化地方政府医疗废物集中处置设施建设责任，推动医疗废物集中处置体系覆盖各级各类医疗机构。加强医疗废物分类管理，做好源头分类，促进规范处置。另一方面，完善危险废物相关标准规范。以全过程环境风险防控为基本原则，明确危险废物处置过程二次污染控制要求及资源化利用过程环境保护要求，规定资源化利用产品中有毒有害物质含量限值，促进危险废物安全利用。建立多部门联合监管执法机制，将危险废物检查纳入环境执法"双随机"监管，严厉打击非法转移、非法利用、非法处置危险废物。

六、激发废弃物处理产业发展活力

将固体废物产生、利用处置企业纳入企业环境信用评价范围，根据评价结果实施跨部门联合惩戒。依法落实资源综合利用产品和劳务增值税即征即退等税收优惠政策，促进固体废物综合利用。构建工业固体废物资源综合利用评价机制，纳税人综合利用的固体废物，符合国家和地方环境保护标准的，暂予免征环境保护税。按照市场化和商业可持续原则，探索开展绿色金融支持畜禽养殖业废弃物处置和无害化处理试点，支持固体废物利用处置产业发展。在全省危险废物经营单位全面推行环境污染责任保险。在农业支持保护补贴中，加大对畜禽粪污、秸秆综合利用生产有机肥和病死畜禽无害化的补贴力度，同步减少化肥补贴。加快建立有利于促进固体废物减量化、资源化、无害化处理的激励约束机制。在政府投资公共工程中，优先使用以大宗工业固体废物等为原料的综合利用产品，推广新型墙材等绿色建材应用；探索实施建筑垃圾资源化利用产品强制使用制度，明确产品质量要求、使用范围和比例。此外，探索发展"互联网+"固体废物处理产业。推广回收新技术新模式，鼓励生产企业与销售商合作，优化逆向物流体系建设，支持再生资源回收企业建立在线交易平台，完善线下回收网点，实现线上交废与线下回收有机结合。充分运用物联网、全球定位系统等信息技术，实现固体废物收集、转移、处置环节信息化、可视化，提高监督管理效率和水平。

第五节　优化国土空间开发格局

湖北生态环境治理体系现代化需要通过现代化的理念引导和完善空间规划制度落实。理念是行动的先导，指引着行动的方向。要推进湖北生态环境治理体系现代化，首先要遵循现代化生态治理理念，立足于根本性、全局性、前瞻性来思考生态问题，构建与生态文明建设要求相适应，与新型工业化、信息化、城镇化、农业现代化同步发展相协调的生态治理思路。而优化国土开发格局是落实生态环境治理体系现代化的基础，需要针对生态空间建设的开发与保护、机制与体制、实施与管理等制约生态文明建设的问题，开展深入研究，加强顶层设计和整体谋划。理顺国土空间概念体系，建立"中心城市—都市圈—城市群—经济区"国土空间单元体系，加强对基本农田保护区、战略性资源能源储备区、生态保护区的控制，强化粮食、能源和生态安全保障。

优化国土空间开发格局，从本质上讲，就是根据自然生态属性、资源环境承载能力、现有开发密度和发展潜力，统筹考虑未来湖北人口分布、经济布局、国土利用和城镇化格局，按区域分工和协调发展的原则划定具有某种特定主体功能定位的空间单元，按照空间单元的主体功能定位调整完善区域政策和绩效评价，规范空间开发秩序，形成科学合理的空间开发结构。因此，必须珍惜每一寸国土，按照人口资源环境相均衡、经济社会生态效益相统一的原则，控制开发强度，调整空间结构，统筹人口分布、经济布局、国土利用、生态环境保护，科学布局生产空间、生活空间、生态空间，给自然留下更多修复空间，给农业留下更多良田，给子孙后代留下天蓝、地绿、水净的美好家园。

一、优化自然保护区布局

当前，亟须全面掌握全省范围内的生态系统保护现状，详细评估一些重要的、未得到有效保护的珍稀濒危动植物物种资源的分布状况，从而选择合适的区域增设自然保护区，加大保护一些数量较少或类型独特的湿地。由于能源、资源、交通和旅游等开发建设活动增多，高强度的经济活动导致部分自然保护区"空心化"趋势明显，因此需要严格控制自然保护区内的矿产资源开采和水利水电开发，切实禁止新建公路、铁路和其他基础设施穿越核心区，尽量避免穿越缓冲区，大幅降低自然保护区周边的国土空间开发强度。同时，按照核心区、缓冲区、实验区的顺序，逐步转移自然保护区内的人口，实现核心区无人居住，缓冲区和实验区人口大幅度减少的目标。

二、构建重点生态功能区的产业准入机制

在湖北不少重点生态功能区、资源富集区，矿产、水电资源等开发强度较大，致使这些地区的产业结构与其生态服务的主导功能不相符，由此严重影响区域重要生态服务功能的发挥。因此，构建重点生态功能区的产业准入机制，使产业发展规模不超过区域环境容量，使其生态环境影响不损害区域生态功能。

具体而言，严格限制"两高一资"产业在重点生态功能区的布局，禁止高水耗产业（钢铁、造纸）在水源涵养生态功能区的布局，限制土地消耗产业（煤炭）在水土保持生态功能区的发展，降低农牧业在防风固沙生态功能区的开发强度，禁止大规模水电开发在生物多样性生态功能区的发展。为此，一要严格保护具有水源涵养功能的自然植被，禁止过度放牧、无序采矿、毁林开荒、开垦草原等行为；二要加强大江大河源头及上游地区的小流域治理和植树造林，减少面源污染；三要推行节水灌溉和雨水集蓄利用，发展旱作节水农业；四要加强对内陆河流的规划和管理，保护沙区湿地；五要保护自然生态系统与重要物种栖息地，防止生态建设导致栖息环境的改变。

三、完善重点开发区的重点产业布局

尽管湖北重点开发区产业发展迅猛，但发展方式粗放，资源消耗多，

环境压力大，加之管理和技术水平落后，导致污染物排放量大，环境治理压力极大。将资源承载能力、生态环境容量作为承接产业转移的重要依据，确定湖北煤炭、火电、钢铁、铝工业、水泥、造纸、水电等重点行业的主导环境影响及不同区域相应影响的承载能力，划分出不同行业的环境管理类型区，进一步完善重点行业产业布局。

四、大力提高优化开发区科技创新能力和发展质量

衡量优化开发区经济可持续发展，与环境协调融合的标准不再是单纯追求经济增长的数量，而是注重经济发展的质量。例如，武汉城市圈的城镇化水平、人口密度高，产业聚集度亦高，而土地资源和水资源承载力有限，污染物排放量居高不下，环境容量严重超载。这些区域的工业区数量多、布局分散，部分工业区建筑质量差，工业区内产业类型多样、用地功能相当复合，用地效益不高。如果这些区域不进行优化开发，那么水资源压力过度增加、环境容量严重不足、生态空间大量占用等生态环境问题将愈演愈烈。随着湖北资源环境约束的日益加剧，依靠投入资源、能源、土地和环境等有形要素发展出口加工型产业，将对全省生态安全造成不利影响。因此，要大力实施新型工业化战略，通过科技创新，提高资源利用效率，促进企业绿色低碳循环发展。

五、科学布局生产空间、生活空间、生态空间

国土是生态文明建设的空间载体。要按照人口资源环境相均衡、经济社会生态效益相统一的原则，整体谋划国土空间开发，科学布局生产空间、生活空间、生态空间，给自然留下更多修复空间。第一，促进生产空间集约高效。对污染物排放超过环境容量的江河湖泊、草原、湿地的经济布局进行战略性调整，在某些特定区域实现部分产品或者行业的整体性退出，减轻生态环境压力，加大治理和生态修复力度，恢复生态系统的生机和活力；调整产业布局，加快发展绿色产业，加快推动生产方式绿色化，构建科技含量高、资源消耗低、环境污染少的产业结构和生产方式，大幅

提高经济绿色化程度，形成经济社会发展新的增长点，构建区域经济合作竞争新优势。第二，促进生活空间宜居适度。开展示范试点，建设一批绿色低碳的企业、社区和城市；采取有力措施促进区域协调发展、城乡协调发展，加快欠发达地区发展，积极推进城乡发展一体化和城乡基本公共服务均等化；提升居民节约、环保、生态、低碳、绿色意识，加快推动生活方式绿色化，实现生活方式和消费模式向勤俭节约、绿色低碳、文明健康的方向转变，力戒奢侈浪费和不合理消费。第三，促进生态空间山清水秀。加快实施主体功能区战略，推动各地区严格按照主体功能定位发展，构建科学合理的城市化格局、农业发展格局、生态安全格局；依托湖北湖泊众多优势，提高湖泊资源开发能力，发展湖泊经济，保护湖泊生态环境。通过科学布局生产空间、生活空间、生态空间，给自然留下更多修复空间，给农业留下更多良田，给子孙后代留下天蓝、地绿、水净的美好家园。为科学布局三个空间，应进一步突出财政资金支持重点，加大对大气、水、土壤污染治理的支持力度，强化对自然保护和生态修复的支持力度，推进国土江河的综合整治。应进一步完善有利于资源节约、生态环境保护的税收政策体系，积极推进环境保护的费改税，积极推进生态补偿机制等制度建设，不断加大对重点生态功能区的转移支付力度，提高基本公共服务的保障水平；稳步扩大流域上下游的横向生态补偿机制，建立起成本共担、效益共享的机制；积极推进排污权等有偿使用和交易试点，利用市场机制促进节能减排和环境保护。此外，还应以资源环境承载力为基础，坚持节约优先、保护优先，科学划定城镇开发边界，优化城市空间开发格局，促进城市科学发展。

第九章 湖北省域生态环境治理
体系现代化的支持政策

政策具有系统性、完整性和先进性，是实现生态治理现代化的重要体现。政策支持是解决生态环境问题的重要出路。生态环境的政策创新，不仅是应对"政府失灵"和"市场失灵"，以及提高生态环境治理绩效的需要，也是满足市场和公众对于生态环境产品的不断需求以及维护国家生态安全的需要。科学的政策支持应该是从制度层面上分析生态环境问题，除了制定严格的法律条文，还要有切实的执行程序以及创新式的机制建设。当前，湖北的生态环境治理制度尚不健全、不系统，自然资源资产产权制度尚未建立，严密的生态环境监管制度尚未形成，严厉的责任追究和赔偿制度尚未出台。另外，生态环境治理的体制机制尚不完善，体现生态文明理念的市场经济体制、反映资源成本的价格机制、有利于生态环境治理的宏观调控机制尚未完全形成。并且，生态环境问题不是从来就有的，而是人们制度安排失误的结果。要实现生态环境资源的有效配置，彻底根除生态环境问题，必须进行科学的政策支持和政策创新。因此，党的十八届三中全会提出，建设生态文明，必须建立系统完整的生态文明制度体系，用最严格的制度、最严密的法治保护生态环境。党的十九届四中全会对坚持和完善中国特色社会主义制度，推进国家治理体系和治理能力现代化作出了一系列重大战略部署。其中，生态环境治理体系和治理能力现代化，是国家治理体系和治理能力现代化的重要组成部分。而推进湖北省域生态环境治理体系现代化，重在坚持和完善生态文明政策法规体系，用政策体系确保生态环境治理体系现代化水平不断提升。

第一节　完善自然资源资产产权制度

湖北生态环境治理体系现代化需要建立完善的自然资源产权制度。自然资源产权制度决定着生态现代化的动力来源、发展模式和评价标准。建立高效、科学、法治的自然资源产权制度是衡量政府生态治理体系现代化水平的重要指标，也是生态现代化发展路径的重要支柱。习近平总书记指出："我国生态环境保护中存在的一些突出问题，一定程度上与体制不健全有关，原因之一就是全民所有自然资源资产的所有权人不到位，所有权人权益不落实。"① 自然资源产权缺位将导致自然资源利用过程中的"公地悲剧"和"破窗效应"，这是我国生态文明建设的短板，也是湖北生态现代化治理体系构建亟待解决的问题。实现湖北生态环境治理体系现代化，必须以坚持社会主义基本制度为前提，既要防止"公地悲剧"，也要防范"私地闹剧"，关键是要从法律上确认生态治理领域的公域和公益相统一的性质，加大自然资源资产产权制度改革。

自然资源是重要的国家资产之一，自然资源资产管理是自然资源管理中的一项重要内容。健全自然资源资产产权制度是湖北生态文明制度建设的重要内容。自然资源在具备稀缺性和具有较为完备的产权条件下，转化为自然资源资产。改革开放以来，湖北在自然资源资产产权制度上取得了长足发展，制度变迁总体在向有利于自然资源资产合理配置的方向渐进，自然资源资产产权制度归属清晰问题基本得到解决，但迄今为止自然资源的用益物权还不完备，不同程度上存在着产权不协调、产权发展不平衡、权利边界不清晰、权责不明确、主体地位不平等、利益机制不完善等问题。面对湖北自然资源用益物权并不完备的严峻现实和存在的上述问题，湖北自然资源产权制度改革需要坚持市场化方向，协同建立所有权体系与

---

① 《关于健全国家自然资源资产管理体制和完善自然资源监管体制》，http：zrzyt. xinjiang. gov. cn。

管理权体系，促进湖北自然资源资产产权制度向多要素统筹、追求综合效益、界定产权更加明晰的目标发展。

一、建立统一的确权登记系统

针对湖北自然资源资产的所有权、使用权、经营权混乱，归属界定不清等问题，要研究制定《湖北省自然资源统一确权登记总体工作方案》以及各地市州级自然资源统一确权登记实施方案，建立省级自然资源确权登记数据库，强化登记信息的管理与应用，尽早启动重点区域自然资源统一确权登记项目工作，实现对水流、森林、山岭、草原、荒地、滩涂以及探明储量的矿产资源等自然资源的所有权和所有自然生态空间确权登记，划清全民所有和集体所有之间的边界，划清全民所有、不同层级政府行使所有权的边界，划清不同集体所有者的边界，划清不同类型自然资源的边界。通过建立统一的确权登记系统，提升服务生态文明建设和自然资源管理，推进确权登记法治化，为建立国土空间规划体系并监督实施，统一行使全民所有自然资源资产所有者职责，统一行使所有国土空间用途管制和生态保护修复职责，提供基础支撑和产权保障。

二、建立权责明确的自然资源产权体系

坚持主体结构合理、产权边界清晰、产权权能健全、产权流转顺畅、利益格局合理的自然资源资产产权制度改革总体方向。坚持资源公有、物权法定，清晰界定湖北全省国土空间各类自然资源资产的产权主体，制定权利清单，明确各类自然资源产权主体权利。处理好所有权与使用权的关系，创新自然资源全民所有权和集体所有权的实现形式。推动所有权和使用权相分离，明确占有、使用、收益、处分等权利归属关系和权责，适度扩大使用权的出让、转让、出租、抵押、担保、入股等权能。明确国有农场、林场和牧场土地所有者与使用者权能。全面建立覆盖各类全民所有自然资源资产的有偿出让制度，严禁无偿或低价出让。统筹规划，加强自然资源资产交易平台建设。

三、健全自然资源资产管理体制

加快自然资源及其产品价格改革，全面反映市场供求、资源稀缺程度、生态环境损害成本和修复效益。坚持使用资源付费和谁污染环境、谁破坏生态、谁付费原则，逐步将资源税扩展到占用各种自然生态空间。在实际制度运行中，自然资源资产产权制度要保障自然界中的自然资源资产得到合理、有序开发与利用，保障产权主体的合法收益，同时也要促进自然资源资产在社会再生产运动过程中的自我补偿、自我增值和积累，这需要既放活经营与加强监管相匹配，也需要集中管理与多元运营相协调。自然资源资产因其使用过程中有严重的污染环境、破坏生态的负外部性及系统风险，政府还需要供给合适的自然资源资产宏观管理政策环境。从分散管理向相对集中管理发展，将是湖北自然资源资产产权制度之管理权的主导演进方向。

四、探索建立分级行使所有权的体制

对全民所有的自然资源资产，按照不同资源种类和在生态、经济、国防等方面的重要程度，研究实行中央和湖北分级代理行使所有权职责的体制，实现效率和公平相统一。分清全民所有中央政府直接行使所有权、全民所有湖北政府行使所有权的资源清单和空间范围。中央政府主要对石油天然气、贵重稀有矿产资源、重点国有林区、大江大河大湖和跨境河流、生态功能重要的湿地草原、海域滩涂、珍稀野生动植物种和部分国家公园等直接行使所有权。

五、建立自然资源资产负债表制度

制定自然资源资产负债表编制指南，构建水资源、土地资源、森林资源等资产负债核算方法，建立实物量核算账户，明确分类标准和统计规范，定期评估自然资源资产变化状况。建立自然资源资产负债统计、衡量与核算指标体系，摸清湖北自然资源底数，包括规模、结构、分布以及变

化趋势等，准确把握自然资源的存量、增量和减量等，为划定生态保护红线以及未来绩效评估提供基础性依据。在市县层面开展自然资源资产负债表编制试点，核算主要自然资源实物量账户并公布核算结果。

第二节　严守生态保护红线

生态保护红线是继"18亿亩耕地红线"后，又一条被提到国家层面的"生命线"。生态保护红线作为国家依法在重点生态功能区、生态环境敏感区和脆弱区、禁止开发区等区域，充分考虑自然生态服务功能、环境质量安全、自然资源利用等方面，划定的严格管控边界，是一条空间界线，并且具有严格的分类管控要求。生态保护红线的内涵包括三方面：一是生态服务保障线，即提供生态调节与文化服务，支撑经济社会发展的必需生态区域；二是人居环境安全屏障线，即保护生态环境敏感区、脆弱区，维护人居环境安全的基本生态屏障；三是生物多样性维持线，即保护生物多样性，维持关键物种、生态系统与种质资源生存的最小面积。具体来说，生态保护红线可划分为生态功能保障基线、环境质量安全底线、自然资源利用上线。生态保护红线的实质是生态环境安全的底线，目的是建立最为严格的生态保护制度，对生态功能保障、环境质量安全和自然资源利用等方面提出更高的监管要求，从而促进人口资源环境相均衡、经济社会生态效益相统一。从空间范围看，生态保护红线应至少包括主体功能区规划中明确的禁止开发区域，以及国家公园、湿地公园、饮用水水源地等具有法律法规明确保护和管理要求的区域；此外，各地中有必要严格保护、事关生态安全格局的重要区域，也应纳入生态保护红线，如生态廊道、极小种群栖息地等。

湖北省生态保护红线总体呈现"四屏三江一区"基本格局。"四屏"指鄂西南武陵山区、鄂西北秦巴山区、鄂东南幕阜山区、鄂东北大别山区四个生态屏障，主要生态功能为水源涵养、生物多样性维护和水土保持；"三江"指长江、汉江和清江干流的重要水域及岸线；"一区"指江汉平原为主的重要湖泊湿地，主要生态功能为生物多样性维护和洪水调蓄。其主要类型有六种，分别为鄂西南武陵山区生物多样性维护与水土保持生态保护红线、鄂西北秦巴山区生物多样性维护生态保护红线、鄂东南幕阜山区水源涵养生态保护红线、鄂东北大别山区水土保持生态保护红线、江汉平原湖泊湿地生态保护红线、鄂北岗地水土保持生态保护红线。

按照"源头严防、过程严管、后果严惩"的全过程管理思路，遵循自上而下和自下而上相结合的原则，划定并严守生态保护红线，推动将生态保护红线作为建立湖北国土空间规划体系的基础。《湖北省生态保护红线通知》强调，落实地方各级党委和政府主体责任，强化生态保护红线刚性约束，形成一整套生态保护红线管控和激励措施。

一、建立资源环境风险监测防控体系

构建生态保护红线监测预警体系，研究制定资源环境承载能力监测预警指标体系和技术方法，建立资源环境监测预警数据库和信息技术平台，定期编制资源环境承载能力监测预警报告，对资源消耗和环境容量超过或接近承载能力的地区，实行预警提醒和限制性措施，形成生态保护红线监测、预警、决策与技术支持一体化的，具有充分技术、人力和物力保障的，兼有处理突发事件能力的国土生态安全预警体系。

二、实行严格的生态保护红线管控措施

原则上按禁止开发区域的要求进行管理，实行严格的用途管制，严禁不符合主体功能定位的各类开发活动。明确属地管理责任，确立生态保护红线优先地位，实行严格管控。建立监管平台，强化执法监督，及时发现和制止破坏生态的违法违规行为。完善基于生态保护红线的产业环境准入机制，根据不同类型生态保护红线的保护目标与管理要求，制定差别化产业准入环境标准。按照生态功能恢复和保育原则，引导自然资源合理有序开发。严格控制新建高耗能、高污染项目，遏制盲目重复建设。

三、实施生态保护红线区域补偿制度

推动建立和完善生态保护红线区域补偿机制，明确补偿标准、资金来源、补偿渠道、补偿方式，并依此推动补偿区域的生态保护。探索多样化的生态补偿模式，加大生态保护补偿力度，明确生态产品生产方和受益方区域，按照谁受益谁补偿的原则，重点完善转移支付政策，建立地区间横向生态补偿机制。完善生态补偿、生态扶贫等政策措施，将生态红线区域保护与建设资金列入政府财政预算，尽快出台《湖北生态环境保护补偿条例》，激励群众参与保护红线区生态资源与环境。

四、建立生态保护红线考核制度

将生态红线保护成效纳入生态文明建设目标评价考核体系，对地方党委和政府采取措施的落实情况和保护成效进行考核，考核结果作为党政领导班子和领导干部综合评价及责任追究、离任审计的重要参考。建立严格的责任追究制度，对违反生态保护红线管控要求、造成生态环境和资源严重破坏的，实行终身追责，责任人不论是否已调离、提拔或者退休，都必须严格追责；对那些不顾生态环境盲目决策、造成严重后果的人，必须追究其责任。

第三节　完善自然资源环境有偿使用制度

自然资源环境有偿使用制度，是指政府以自然资源所有者和管理者的双重身份，为实现所有者权益，保障自然资源的可持续利用，向使用自然资源的单位和个人收取自然资源使用费的制度。对自然资源的无偿使用必须严格遵守法律规定的范围和条件，成为对自然资源有偿使用制度的有益补充。资源有偿使用关系到资源从一个主体向另一个主体转移，涉及资源的产权。因此，界定产权才可以谈"有偿"。只有在明确界定产权的基础上，才能进一步谈资源的有偿使用。要实现资源有偿使用，必须明确湖北

如何行使资源产权所有者的职责。并且，界定产权才能将外部性内部化，进而提高资源配置效率。资源在使用过程中可能产生一定的外部性，而明确界定产权是将外部性内部化的手段之一。界定产权可以为解决环境污染、水土流失等问题提供基础性条件。在产权明确的基础上，通过市场交易，资源才可以从低效率的使用者转移到高效率的使用者，实现资源高效配置。总之，只有界定产权，合理地配置产权，公平地交易产权，严格地保护产权，才能真正建立起完善的资源有偿使用制度，使市场在自然资源配置中发挥决定性作用。

加快自然资源及其产品价格改革，全面反映市场供求、资源稀缺程度、生态环境损害成本和修复效益。坚持使用资源付费和谁污染环境、谁破坏生态谁付费原则，逐步将资源税扩展到占用各种自然生态空间。稳定和扩大退耕还林、退牧还草范围，调整严重污染和地下水严重超采区耕地用途，有序实现耕地、河湖休养生息。建立有效调节工业用地和居住用地合理比价机制，提高工业用地价格。坚持谁受益、谁补偿原则，完善对重点生态功能区的生态补偿机制，推动地区间建立横向生态补偿制度。这有利于湖北加快生态环境治理体系现代化的进程。

一、构建自然资源统一有偿使用制度框架体系

土地、水、矿产、森林、草原等自然资源不一定全部都能转化为资产，向资产转化的前提是自然资源的价值，而且需要一定的产权要求和市场条件。即自然资源向资产转化需要完善的市场机制和明晰的产权制度，为此构建"共同但有区别"的湖北自然资源有偿使用制度体系，实现制度框架的6个"共同"和政策手段的3个"有区别"。"共同"即建立所有自然资源资产有偿使用的统一整体制度框架，形成所有自然资源"规划龙头引领、产权科学设置、出让市场定价、使用节约环保、存量增减核算、分配公平有效、监管服务到位"的有偿使用制度框架体系。"有区别"是指根据资源的禀赋特点（可再生的、不可再生的）和产权特征（所有权出让、使用权出让、用益物权出让），在产权设置、资源税费金管理、存量

核算等方面进行差别化管理。各级政府作为自然资源所有者代表要推动所有权和使用权相分离，对水流、森林、山岭、草原、荒地、滩涂等所有自然生态空间统一进行确权登记。建立健全全民所有自然资源有偿使用制度，更多引入竞争机制进行配置，完善土地、水、矿产资源和湖泊有偿使用制度，探索推进国有森林、国有草原、国有沼泽地有偿使用。

牢固树立和贯彻落实绿色发展理念，坚持发挥市场配置资源的决定性作用和更好发挥政府作用，以保护优先、合理利用、维护权益和解决问题为导向，以依法管理、用途管制为前提，以明晰产权、丰富权能为基础，以市场配置、完善规则为重点，以开展试点、健全法制为路径，以创新方式、加强监管为保障，加快建立健全全民所有自然资源有偿使用制度，努力提升自然资源保护和合理利用水平，切实维护国家所有者权益，为建设美丽湖北提供重要制度保障。

二、优化生态环境领域产权管理制度

首先需要明确国家、湖北各级政府与企业等的生态领域产权的范围，据此建立相应的生态环境领域产权的管理体系。对生态环境的规制，政府可根据实际情况择优采取有效的规制手段，产权混沌的应混合使用多种规制方法。这种管理体系涉及众多生态环境治理主体，要想规范化生态环境治理工作，必须先健全和规范相应的组织体系。从当前生态环境治理的实践来看，由于没有专门的政府部门对生态环境领域产权进行管理，生态环境治理在实施过程中遇到很多阻碍。因此，为了更好地推动生态环境治理工作，应该对生态环境进行损益分析和实行社会费用内在化。根据"谁开发、谁保护"和"受益者分摊"的原则，确定进行生态环境保护的费用负担主体。

面对日益突出的生态与环境问题，政府的力量是有限的。以前，湖北生态环境治理研究的重点是"有形的手"的作用，而忽视了研究"无形的手"在生态环境治理中的作用。因此，目前湖北生态环境产权的所有权安排基本上是以公共产权形式存在的，行政权在生态产权配置中处于主导地位，"私"权所能进入的领域非常有限，"公"权运转是生态产权市场运行的主要形式。例如，湖北自然资源产权市场目前仍是"公"权市场，还没有打破公共所有、政府管制的计划供给模式，"私"权仅能进入一些狭小的领域，还没有培育起真正的自然资源产权市场。要推动生态产权的市场化进程，首先，要将生态产权所有权代理市场化，然后将生态资源的使用权获得市场化。其次，打破"公有"—"公用"—"公营"中的"公用""公营"环境保护运行范式，明晰生态产权，积极推动流转生态资本使用权和经营权，引入竞争机制，有些生态资本的经营领域要实行"国退民进"，从而形成多元化、市场化的生态资本运营制度。再次，将部分生态环境资源的所有权私有化，形成公私产权接轨的生态产权混合市场。从单一的生态资源所有权到建立多元化的所有权体系，根据生态资源产权多样化特征，分门别类建立起多样的所有权体系。此外，在实现生态资本使用权、经营权、所有权市场化后，湖北省可探索逐步建立生态产权混合市场。

第四节　培育生态环境治理市场

培育与发展生态市场，改变目前市场主体和市场体系发育滞后尤其是生态产业对湖北经济的贡献率低、环境服务业发育不良、产业层次不高、市场规范不够等问题；推行清洁能源能量、碳排放权、排污权、水权交易制度，建立吸引社会资本投入生态环境保护的市场化机制，推行生态环境污染第三方治理。

一、完善排污权交易市场

排污权交易制度是《环境资源法》的基本制度之一，是许可证交易制度在污染防治领域的表现，可以实现环境资源的优化配置。排污权交易制度是运用市场机制削减污染的重要手段，已成为湖北一项重要的环境经济政策，并用于温室气体的减排合作。随着湖北环境管理改革和环境保护的战略性转变，以及污染物排放总量控制和节能减排战略的推进，利用市场机制实现环境容量资源高效配置的排污交易政策手段也日益受到各级政府部门的重视，并在不同层面上开展了试点和探索。湖北作为全国首批主要污染物排污权交易试点省份之一，目前已建立全省统一的排污权交易市场，形成一套较为规范完整的市场交易规则，建立了较为成熟的交易价格形成机制。但目前仍面临法律法规支撑不足，排污权核定、定价的前提工作不配套，排污权交易二级市场不够活跃等难题。

因此，应全面落实污染者付费原则，健全排污权有偿取得和使用制度，发展排污权交易市场。加快制定符合市场规律和体现要素价格形成机制的排污权交易制度和交易规则，运用市场化手段配置环境资源，提高配置效率。在企业排污总量控制基础上，尽快完善初始排污权核定，扩大污染物覆盖面。在以行政区为单元层层分解机制基础上，根据行业先进水平，逐步健全以企业为单元进行排污总量控制、通过排污权交易获得减排收益的机制。在重点流域和大气污染重点区域，合理推进跨行政区排污权交易。扩大排污权有偿使用和交易试点，将更多条件成熟地区纳入试点。制定排污权核定、使用费收取使用和交易价格等管理规定。实行污染物排放总量初始权有偿分配机制，用经济手段鼓励跨区域生态功能地区的企业主动治污，积极发展循环经济，限制污染物的排放。实施环保型价格政策，建立排污者缴费、治污者收益的机制，通过收费政策，推动环保设施建设和运营的产业化、市场化和投资主体的多元化。

二、健全碳排放权市场交易体系

结合重点用能单位节能行动和新建项目能评审查，开展项目节能量交易，并逐步改为基于能源消费总量管理下的用能权交易。建立用能权交易系统、测量与核准体系。推广合同能源管理。深化碳排放权交易试点，依托全国碳排放权交易市场，研究制定湖北碳排放权交易总量设定与配额分配方案。完善碳交易注册登记系统，建立碳排放权交易市场监管体系。

一方面，碳排放权交易制度还需要与相关制度进行协调。碳排放权交易、用能权交易及节能量交易的目标，均在于减少化石能源使用及温室气体排放。根据三种交易制度的特性，可进行融合与协调。用能权为节能量交易的前置条件，且二者的属性、交易规则基本类似，可合并统一为用能权交易。在此基础上，妥善处理碳排放交易与用能权交易的关系。用能权交易侧重于能源使用量，企业在配额内用能免费，超配额则需要付费。此外，鼓励用能单位使用可再生能源，自产自用的可再生能源不计入综合能源消费量。而碳排放权交易侧重于温室气体排放量，排放的温室气体主要源于化石能源的使用。与用能权交易类似，企业超配额排放需要付费。节能必然减少二氧化碳排放，两者存在一定的联系。为减轻企业负担，建议用能指标与碳排放配额在履约过程中一定范围内相互抵用。

另一方面，要营造公平的市场竞争环境。营造符合绿色发展理念的消费环境，建立完善的资源环境要素市场，将资源利用、能源消耗及污染排放的外部不经济性进行内化。特别是要充分利用好"中碳登"在湖北的优势，积极发展碳金融，加强财税政策支持，对参与碳交易体系的企业，通过技术改进、使用新能源且节约碳配额的企业，给予绿色信贷、绿色债券、税收减免等激励，以补偿其相应的绿色投入。对未纳入碳交易体系的企业，尽快出台碳税等相关制度，将温室气体排放的外部不经济性内化，形成公平的竞争环境。

第五节　健全生态文明绩效评价考核与责任追究办法

构建充分反映资源消耗、环境损害和生态效益的生态文明绩效评价考核和责任追究制度，着力解决发展绩效评价不全面、责任落实不到位、损害责任追究缺失等问题。

生态文明绩效评价考核和责任追究制度是指建立对政府、企业的生态环境治理的考核机制，把生态效益、资源消耗、污染排放纳入经济社会发展评价体系，加强节能减排、污染防治、生态建设等方面的地方政府绩效管理，完善体现生态文明的发展目标体系和考核奖惩机制；建立终身责任溯源追究制度，严格追究责任人的行政责任、法律责任，彻底消除"GDP至上"的行动逻辑。以制度化、严格化的环境问责机制约束地方政府核心行动者，显著扩展和深化各级政府和部门履行生态文明职责的责任约束。制定生态文明建设目标和评价考核办法，把资源消耗、环境损害、生态效益纳入经济社会发展评价体系。对在生态环境保护中失职、渎职的党政领导和工作人员，实行严格的责任追究制度。

一、优化生态文明建设目标评价考核办法

积极落实《党政领导干部生态环境损害责任追究办法（试行）》和《生态文明建设目标评价考核办法》，将生态保护中碳排放目标纳入经济社会发展和领导干部政绩考核体系中，把每一年完成环保指标中碳减排作为地方干部的政绩考核任务，加强对地方生态保护效益、生态破坏事件等评估考核，严格考核问责。探索优化湖北生态文明建设目标评价考核制度，着重把握三方面：一是生态文明绩效评价要综合考虑结果与过程。生态文明建设是一个动态发展过程，尽管不同阶段的目标有所不同，但是绩效评价不能仅仅着眼于阶段性目标的实现情况，而应贯穿全过程，坚持结果与过程并重。二是生态文明绩效评价应兼顾建设主体自身努力情况和进步程度。客观上，由于湖北各地区的自然环境、社会经济和历史文化等不同，其生态文明建设的水平亦不尽相同，所以生态文明考核应注重建设主体自身的努力情况与进步程度。虽然湖北有些县市的基础条件比较差，指标完成情况的"绝对值"不大，但是其很努力，且进步很明显。因而，生态文明绩效评价须考虑地区生态文明建设的进步程度，以保护那些基础条件不好、水平相对落后地区开展生态文明建设的积极性。三是评价生态文明建设现状与其设置目标或选择标杆的差距，以直观反映生态文明建设目标的完成度，或评价该地区与同类标杆地区生态文明建设的差距，以激励同类型地区之间的相互学习、良性竞争。这既有利于地方提升生态文明建设的绩效水平，又有利于地方形成生态文明建设的长效机制。总体而言，生态文明建设绩效评价须至少从三个方面来考虑：与所属区域的整体水平相比

（水平指数）、与历史水平相比（进步指数）、与标杆或目标水平相比（差距指数），建立三维评价体系对生态文明建设绩效进行综合评价。

实行各有侧重的绩效评价。在强化对各类地区提供基本公共服务、增强可持续发展能力等方面评价基础上，按照不同区域的主体功能定位，实行差别化的评价考核。对优化开发区的武汉等城市地区，强化经济结构、科技创新、资源利用、环境保护等的评价。对武汉周边城市等重点开发的地区，综合评价经济增长、产业结构、质量效益、节能减排、环境保护和吸纳人口。对恩施等限制开发的农产品主产区和重点生态功能区，分别实行农业发展优先和生态保护优先的绩效评价，不考核地区生产总值、工业等指标。对神农架、丹江口等禁止开发的重点生态功能区，全面评价自然文化资源原真性和完整性保护情况。

二、健全生态环境损害责任终身追究办法

建立领导干部任期资源消耗、环境损害、生态效益责任制和问责制。对各类破坏生态环境的行为"零容忍"，以资源环境生态红线管控为基线，建立严格的生态环境惩戒机制和追责制度。按照《湖北省实施〈党政领导干部生态环境损害责任追究办法（试行）〉细则》要求，对"党政同责、一岗双责、失职追责"予以规范化、制度化和程序化。

实行地方党委和政府领导成员生态文明建设一岗双责制。以自然资源资产离任审计结果和生态环境损害情况为依据，明确对地方党委和政府领导班子主要负责人、有关领导人员、部门负责人的追责情形和认定程序。区分情节轻重，对造成生态环境损害的，予以诫勉、责令公开道歉、组织处理或党纪政纪处分，对构成犯罪的依法追究刑事责任。对领导干部离任后出现重大生态环境损害并认定其需要承担责任的，实行终身追责。

明确政府环境责任核心地位，完善政府环境问责机制。借鉴东部地区的经验，明确确立"统一管理，分工负责"的原则，按照"权责对等，有权必有责"的思路，生态环境保护与发展综合决策的要求，通过立法建立全省统一的生态环境保护管理体制。特别是要强化政府生态环境质量问责

机制，将环境保护的职权直接委任给各级政府及其主要负责人，强化各级政府作为环境保护第一责任人的责任和义务。建立生态环境质量综合考核制度，完善对地方政府及政府官员的考核体系。

参 考 文 献

[1] Halkos, George, Steriani M. Exploring social attitude and willingness to pay for water resour－ces conservation [J]. Journal of Behavioral and Experimental Economics, 2015, 49 (322): 54-62.

[2] Hosoe M, Naito T. Trans-boundary pollution transmission and regional agglomeration effects [J]. Papers in Regional Science, 2015 (01): 99-120.

[3] Pattersona T M, Niccoluccib V, Bastinaonib S. Ecological footprint accounting for tourism and consumption in Val di Merse [M]. Italy: Ecological Economics, 2007 (24): 3-4.

[4] Hua Z S, Bian Y W, Liang L. Eco-efficiency analysis of paper mills along the Huai River: An extended DEA approach [J]. Omega, 2007 (35): 578-587.

[5] Ingaramo A, Heluane H, Colombo M, et al. Water and wastewater eco-efficiency indicators for the sugar cane industry [J]. Journal of Cleaner Production, 2009, 17 (4): 487-495.

[6] Abala B. Researchers at National University of Mar del Plata Release New Data on Sustainability Research (Are Ecological Modernization Narratives Useful for Understanding and Steering Social-Ecological Change in the Argentine Chaco?) [J]. Agriculture Week, 2019 (26): 174-186.

[7] Ulrich Brand, Mag Kathrin Nieder. The role of trade unions in social-ecological transformation: Overcoming the impasse of the current growth

model and the imperial mode of living [J]. Journal of Cleaner Production, 2019 (36): 225-234.

[8] Matias E, Mastrangelo, Sebastian Aguiar. Are Ecological Modernization Narratives Useful for Understanding and Steering Social-Ecological Change in the Argentine Chaco? [J]. Sustainability, 2019, 11 (13): 227-229.

[9] Shijie Li, Chunshan Zhou, Shaojian Wang. Does modernization affect carbon dioxide emissions? A panel data analysis [J]. Science of the Total Environment, 2019 (34): 663-669.

[10] Yazhong Deng. Strengthen the Concept of Sustainable Development and Ecological Modernization [J]. International Journal of Social Sciences in Universities, 2019, 2 (1): 26-34.

[11] Georgios K, Vasios, Andreas Y, et al. Environmental choices in the era of ecological modernization: siting of common interest facilities as a multi-alternative decision field problem in insular setups [J]. Environment Systems and Decisions, 2019, 39 (1): 39-45.

[12] Salahuddin Mohammad, Ali Md Idris, Vink Nick, et al. The effects of urbanization and globalization on CO_2 emissions: evidence from the Sub-Saharan Africa (SSA) countries [J]. Environmental science and pollution research international, 2019, 26 (3): 321-329.

[13] Catia Milena Lopes, Annibal Jose Scavarda, Guilherme Luis, et al. Perspective of Business Models and Innovation for Sustainability Transition in Hospitals [J]. Sustainability, 2018, 11 (1): 45-52.

[14] Siti Aisyah Saat, Rahaya Md, Jamin, et al. Transformation the Role of Government in Solid Waste Management in Malaysia through Local Agenda 21 (LA21) [J]. Indian Journal of Public Health Research & Development, 2018, 9 (12): 34-39.

[15] Daniel Hausknost, Willi Haas, Sabine Hielscher, et al. Investigating patterns of local climate governance: How low-carbon municipalities and

intentional communities intervene in social practices [J]. Environmental Policy and Governance, 2018, 28 (6): 63-72.

[16] Arife S, Hulya B O, Gulfem B. Environmental, ecological and human health risk assessment of heavy metals in sediments at Samsun-Tekkekoy, North of Turkey [J]. Environmental Science and Pollution Research, 2021, 42: 24-36.

[17] Baltas H, Sirin M, Gokbayra E, et al. A case study on pollution and a human health risk assessment of heavy metals in agricultural soils around Sinop Province, Turkey [J]. Chemosphere, 2020, 241: 125015.

[18] Janja Hojnik. Ecological modernization through servitization: EU regulatory support for sustainable product-service systems [J]. Review of European, Comparative & International Environmental Law, 2018, 27 (2): 94-99.

[19] Mohammad Saidi, Nadir Ahmed. Ecological modernization and responses for a low-carbon future in the Gulf Cooperation Council countries [J]. Wiley Interdisciplinary Reviews: Climate Change, 2018, 9 (4): 421-429.

[20] John A. Bergendahl, Joseph Sarkis, Michael T. Timko. Transdisciplinarity and the food energy and water nexus: Ecological modernization and supply chain sustainability perspectives [J]. Resources, Conservation & Recycling, 2018 (133): 33-42.

[21] Jean-Paul Dubeuf, Francisco Morales, Yolanda Mena Guerrero. Evolution of goat production systems in the Mediterranean basin: Between ecological intensification and ecologically intensive production systems [J]. Small Ruminant Research, 2018 (12): 163-176.

[22] AlSaidi Mohammad, Elagib Nadir Ahmed. Ecological modernization and responses for a low-carbon future in the Gulf Cooperation Council countries [J]. Wiley Interdisciplinary Reviews: Climate Change, 2018, 9 (4):

77-86.

[23] Sofia Avila. Environmental justice and the expanding geography of wind power conflicts [J]. Sustainability Science, 2018, 13 (3): 72-86.

[24] Çalar Soker, Erdem Ozluk. Placing Environment at the Center of International Relations: The Fundamental Approaches, and the Debates [J]. Akademik Incelemeler Dergisi (AID), 2018 (1): 33-42.

[25] Negar Noori, Martin De Jong. Towards Credible City Branding Practices: How Do Iran's Largest Cities Face Ecological Modernization? [J]. Sustainability, 2018, 10 (5): 72-77.

[26] Terry Leahy. Radical Reformism and the Marxist Critique [J]. Capitalism Nature Socialism, 2018, 29 (2): 87-96.

[27] Jing-Wen Huang, Yong-Hui Li. How resource alignment moderates the relationship between environmental innovation strategy and green innovation performance [J]. Journal of Business & Industrial Marketing, 2018, 33 (3): 14-21.

[28] Martin de Jong, Yawei Chen, Simon Joss, et al. Explaining city branding practices in China's three mega-city regions: The role of ecological modernization [J]. Journal of Cleaner Production, 2018 (23): 179-185.

[29] Andreas Y. Troumbis, Georgios K. Multiple conservation criteria, discursive conflicts and stakeholder preferences in the era of ecological modernization [J]. Biodiversity and Conservation, 2018, 27 (5): 42-53.

[30] Millington, Darnell, Millington. Ecological Modernization and the Olympics: The Case of Golf and Rio's "Green" Games [J]. Sociology of Sport Journal, 2018, 35 (1): 192-210.

[31] Johnson, Ali. Ecological Modernization and the 2014 NHL Sustainability Report [J]. Sociology of Sport Journal, 2018, 35 (1): 42-50.

［32］Meiling Han, Martin de Jong, Zhuqing Cui, et al. City Branding in China's Northeastern Region：How Do Cities Reposition Themselves When Facing Industrial Decline and Ecological Modernization?［J］. Sustainability, 2018, 10（1）：42-49.

［33］Li Junbu. A Comparative Study on Climate Change Policy in Seoul and Tokyo：From the Perspective of Ecological Modernization Theory［J］. Journal of Environmental Policy and Administration, 2017, 25（4）：82-93.

［34］Zhou Y. State power and environmental initiatives in China：analyzing China's green building program through an ecological modernization perspective［J］. Geoforum, 2015, 61：1-12.

［35］Bissing Olson M J. Experiences of pride, not guilt, predict pro-environmental behavior when pro-environmental descriptive norms are more positive［J］. Journal of Environmental Psychology , 2016（24）：24-32.

［36］Xiang W N. Ecophronesis：the ecological practical wisdom for and from ecological practice［J］. Landscape and Urban Planning, 2016, 155：53-60.

［37］刘志华, 徐军委, 张彩虹. 省域横向碳生态补偿的演化博弈分析［J］. 软科学, 2021（08）：1-17.

［38］周雁凌, 王文硕, 李曼. 山东开启生态环境治理新模式［N］. 中国环境报, 2021-08-12（007）.

［39］盛明科, 岳洁. 生态治理体系现代化视域下地方环境治理逻辑的重塑——以环保督察制度创新为例［J］. 湘潭大学学报（哲学社会科学版）, 2022, 46（03）：99-104.

［40］文丰安. 乡村振兴战略下农业生态治理现代化：理论阐释、问题审视及发展进路［J］. 经济体制改革, 2022（01）：82-87.

［41］欧阳康, 郭永珍. 论新时代中国生态治理现代化［J］. 江苏社会科学, 2021（06）：26-33, 241.

［42］佟哲，周友良．新发展格局下中国实现碳达峰、碳中和的现状、挑战及对策［J］．价格月刊，2021（08）：32-37.

［43］韩立新，逯达．实现碳达峰、碳中和多维法治研究［J］．广西社会科学，2021（08）：1-12.

［44］鲜军，周新苗．全要素生产率提升对碳达峰、碳中和贡献的定量分析——来自中国县级市层面的证据［J］．价格理论与实践，2021（06）：76-79.

［45］张天培．推动省际跨区域生态环境保护共同治理［N］．人民日报，2021-07-29（018）.

［46］易承志，黄子琪．系统推进生态环境治理制度建设［N］．学习时报，2021-07-28（007）.

［47］卢春天，朱震．我国环境社会治理的现代内涵与体系构建［J］．干旱区资源与环境，2021，35（09）：1-8.

［48］杨志，牛桂敏，郭珉媛．多元环境治理主体的动力机制与互动逻辑研究［J］．人民长江，2021，52（07）：38-44.

［49］刘志明．推进国家治理体系和治理能力现代化：根本依据、战略意涵与标志性意义［J］．中南大学学报（社会科学版），2021，27（04）：24-30.

［50］丘水林，靳乐山．生态保护红线区生态补偿：实践进展与经验启示［J］．经济体制改革，2021（04）：43-49.

［51］赵月娥，张晓民．碳达峰、碳中和背景下中国公共机构绿色低碳发展研究——基于图书馆视角［J］．宏观经济研究，2021（07）：137-145.

［52］林晓薇，潘庚飞．我国碳生态补偿规划研究——基于东南地区七省一市实证分析［J］．西南大学学报（自然科学版），2021，43（07）：130-138.

［53］周晓博，于果，张颖．基于国家治理视角的生态补偿逻辑框架研究［J］．生态经济，2021（08）：1-20.

［54］张进财.新时代背景下推进国家生态环境治理体系现代化建设的思考［J］.生态经济，2021（08）：1-6.

［55］苗俊玲，王文华.合作治理视域下环保行政约谈制度的实施路径探索［J］.内蒙古农业大学学报（社会科学版），2021（08）：1-9.

［56］文传浩，林彩云.长江经济带生态大保护政策：演变、特征与战略探索［J］.河北经贸大学学报，2021（08）：1-8.

［57］张丛林，焦佩锋.中国参与全球海洋生态环境治理的优化路径［J］.人民论坛，2021（19）：85-87.

［58］王茹.系统论视角下的"十四五"环境治理机遇、挑战与路径选择［J］.天津社会科学，2021（01）：25-29，36.

［59］周伟.黄河流域生态保护地方政府协同治理的内涵意蕴、应然逻辑及实现机制［J］.宁夏社会科学，2021（01）：128-136.

［60］魏世友.美丽乡村建设的生态现代化路径探析［J］.青海师范大学学报（社会科学版），2021，43（01）：84-88.

［61］李景豹.论黄河流域生态环境的司法协同治理［J］.青海社会科学，2020（06）：94-103.

［62］王文燕，李元实，姜昀，等.厘清"三线一单"制度与技术逻辑支撑国家生态环境治理体系现代化［J］.中国环境管理，2020，12（06）：31-36.

［63］杨启乐.当代中国生态文明建设中政府生态环境治理研究［M］.北京：中国政法大学出版社，2015.

［64］唐林，罗小锋，余威震，等.农户参与村域生态治理行为分析——基于认同、人际与制度三维视角［J］.长江流域资源与环境，2020，29（12）：2805-2815.

［65］吴贤静，林镁佳.从"环境之制"到"环境之治"：中国环境治理现代化的法治保障［J］.学习与实践，2020（12）：47-54.

［66］李胜.合法性追求、谋利性倾向与地方政府环境治理的策略性运作［J］.中国人口·资源与环境，2020，30（12）：137-146.

［67］ 杨帆．人类命运共同体视域下的全球生态保护与治理研究［D］．吉林大学，2020．

［68］ 冉连，张曦．网络信息内容生态治理：内涵、挑战与路径创新［J］．湖北社会科学，2020（11）：32-38．

［69］ 陈晓红，蔡思佳，汪阳洁．我国生态环境监管体系的制度变迁逻辑与启示［J］．管理世界，2020，36（11）：160-172．

［70］ 钞小静，周文慧．黄河流域高质量发展的现代化治理体系构建［J］．经济问题，2020（11）：1-7．

［71］ 贾秀飞，王芳．新时代生态治理现代化体系的逻辑构建与实践向度［J］．广西社会科学，2020（10）：51-58．

［72］ 黄鑫．我国生态环境治理的逻辑溯源与规范路径——基于政党法治与国家法治的双重维度［J］．广西社会科学，2020（10）：16-23．

［73］ 赵志强．乡村振兴战略下的新时代农村生态治理：现实困境与路径选择［J］．重庆师范大学学报（社会科学版），2020（05）：32-39．

［74］ 王海芹．生态文明治理体系现代化的生态环境监测管理体制改革研究［M］．北京：中国发展出版社，2017．

［75］ 龙静云，吴涛．人类的生态命运与生态共同体建设［J］．武汉科技大学学报（社会科学版），2020，22（06）：629-636．

［76］ 王权典．我国生态保护红线立法理念及实践路径探讨［J］．学术论坛，2020，43（05）：25-34．

［77］ 曲亚围．国际法框架下南海海洋生态环境治理合作研究［J］．社会科学家，2020（10）：118-125．

［78］ 王炜，张宏艳．社会资本视阈下农村生态环境治理问题研究［J］．农业经济，2020（10）：96-98．

［79］ 傅广宛．中国海洋生态环境政策导向（2014—2017）［J］．中国社会科学，2020（09）：117-134，206-207．

［80］ 许堞，马丽．粤港澳大湾区环境协同治理制约因素与推进路径［J］．地理研究，2020，39（09）：2165-2175．

[81] 韩坚，邹力子．产业集聚、生态环境治理与空间差异化策略［J］．苏州大学学报（哲学社会科学版），2020，41（05）：91-101．

[82] 罗开艳，田启波．环保行政透明度与环境治理满意度——基于CSS2013数据的研究［J］．贵州社会科学，2020（08）：158-168．

[83] 杨永浦，赵建军．生态治理现代化的价值旨趣、实践逻辑及核心策略［J］．科学技术哲学研究，2020，37（04）：112-117．

[84] 申伟宁，柴泽阳，张韩模．异质性生态环境注意力与环境治理绩效——基于京津冀《政府工作报告》视角［J］．软科学，2020，34（09）：65-71．

[85] 谌杨．论中国环境多元共治体系中的制衡逻辑［J］．中国人口·资源与环境，2020，30（06）：116-125．

[86] 王巍．生态治理的领导困局及其消解之道［J］．领导科学，2020（14）：52-54．

[87] 段帷帷．多元共治下环境行政权的功能转变与保障路径［J］．南京工业大学学报（社会科学版），2020，19（04）：30-40，115．

[88] 林龙飞，李睿，陈传波．从污染"避难所"到绿色"主战场"：中国农村环境治理70年［J］．干旱区资源与环境，2020，34（07）：30-36．

[89] 柴剑峰，龙磊．川甘青毗邻涉藏地区生态治理路径优化研究——基于地方政府、寺庙、农牧民的三方动态博弈视角［J］．青海社会科学，2020（03）：30-40．

[90] 赵德胜．地方生态合作治理的逻辑切换和现实建构［J］．青海社会科学，2020（03）：23-29．

[91] 叶冬娜．国家治理体系视域下生态文明制度创新探析［J］．思想理论教育导刊，2020（06）：85-90．

[92] 张利民，刘希刚．中国生态治理现代化的世界性场域、全局性意义与整体性行动［J］．科学社会主义，2020（03）：103-109．

[93] 管宏友．基于因子分析的农民环境行为生成机制研究［J］．西南大

学学报（自然科学版），2020，42（05）：162-168.

[94] 文丰安 . 农村生态治理现代化：重要性、治理经验及新时代发展途径 [J]. 理论学刊，2020（03）：67-75.

[95] 陈丽莎，熊康宁，陈起伟，等 . 喀斯特生态环境治理下土壤保持功能对石漠化的响应机制 [J]. 长江流域资源与环境，2020，29（02）：499-510.

[96] 席建设，王文凯 . 县域治理体系和治理能力现代化的兰考实践 [J]. 领导科学，2020（08）：57-60.

[97] 王世进，胡梦婷 . 鄱阳湖生态环境多元共治：理论基础与实现路径 [J]. 江西理工大学学报，2020，41（02）：25-30.

[98] 张夺 . 生态治理现代化体系创新的价值遵循与基本要义 [J]. 岭南学刊，2020（02）：22-29.

[99] 于文轩 . 生态环境协同治理的理论溯源与制度回应——以自然保护地法制为例 [J]. 中国地质大学学报（社会科学版），2020，20（02）：10-19.

[100] 丁霖 . 论环境行政处罚裁量的规制——以生态环境治理体系现代化为框架 [J]. 浙江工商大学学报，2020（02）：150-160.

[101] 沈广明 . 人与自然和谐共生现代化的生态意蕴及绿色发展 [J]. 广西民族大学学报（哲学社会科学版），2020，42（02）：163-168.

[102] 卢春天，齐晓亮 . 社会治理视域下当代中国环境政策演进及其治理逻辑 [J]. 河北学刊，2020，40（02）：166-172.

[103] 许珂，周伟 . 区域生态环境治理中地方政府合作的困境与突破 [J]. 领导科学，2020（04）：7-11.

[104] 彭玉婷，王可侠 . 着力推进生态文明国家治理体系和治理能力现代化 [J]. 上海经济研究，2020（03）：10-14.

[105] 辛灵，王大树 . 生态环境治理需跳出哪些误区 [J]. 人民论坛，2020（03）：94-95.

[106] 张震，石逸群 . 新时代黄河流域生态保护和高质量发展之生态法治

保障三论［J］．重庆大学学报（社会科学版），2020，26（05）：167-176．

［107］叶海涛．将制度优势转化为生态环境治理效能［N］．光明日报，2020-01-17（011）．

［108］侯佳儒．运用大数据推动环境治理能力现代化［N］．经济日报，2019-12-29（007）．

［109］韩英夫，佟彤．自然资源统一确权登记制度的嵌套式构造［J］．资源科学，2019，41（12）：2216-2226．

［110］冯晓龙，刘明月，张崇尚，仇焕广．深度贫困地区经济发展与生态环境治理如何协调——来自社区生态服务型经济的实践证据［J］．农业经济问题，2019（12）：4-14．

［111］孙佑海．从反思到重塑：国家治理现代化视域下的生态文明法律体系［J］．中州学刊，2019（12）：54-61．

［112］赵先超，袁超，胡艺觉．湖南省城市现代化与生态化耦合协调发展研究［J］．世界地理研究，2019，28（06）：109-119．

［113］刘须宽．国家治理体系和治理能力现代化［M］．北京：人民日报出版社，2020．

［114］郭钰．跨区域生态环境合作治理中利益整合机制研究［J］．生态经济，2019，35（12）：159-164．

［115］李子豪，袁丙兵．空间关联和门槛效应的地方政府环境治理研究——基于廉洁度视角的考察［J］．中国软科学，2019（10）：61-69．

［116］孙涵，胡雪原．健全环境治理和生态保护市场体系［J］．中国环境监察，2019（10）：50-51．

［117］张雪飞，王传胜，李萌．国土空间规划中生态空间和生态保护红线的划定［J］．地理研究，2019，38（10）：2430-2446．

［118］罗福周，李静．农村生态环境多主体协同治理的演化博弈研究［J］．生态经济，2019，35（10）：171-176，199．

[119] 周睿. 长江经济带沿线省市生态现代化综合评价 [J]. 现代经济探讨, 2019 (09): 29-34.

[120] 顾丽敏. 创新生态视角下的苏南现代化动力研究 [J]. 现代经济探讨, 2019 (09): 35-39.

[121] 沈费伟. 农村环境参与式治理的实现路径考察——基于浙北荻港村的个案研究 [J]. 农业经济问题, 2019 (08): 30-39.

[122] 俞孔坚, 王春连, 李迪华, 等. 水生态空间红线概念、划定方法及实证研究 [J]. 生态学报, 2019, 39 (16): 5911-5921.

[123] 王树义, 赵小姣. 长江流域生态环境协商共治模式初探 [J]. 中国人口·资源与环境, 2019, 29 (08): 31-39.

[124] 唐玉青. 公民参与生态治理的行为逻辑与实现路径 [J]. 学习论坛, 2019 (08): 61-65.

[125] 王恒. 西部民族地区生态治理路径探析 [J]. 宏观经济管理, 2019 (07): 73-78.

[126] 郝庆, 封志明, 赵丹丹, 等. 自然资源治理的若干新问题与研究新趋势 [J]. 经济地理, 2019, 39 (06): 1-6.

[127] 刘晓红. 地方环境保护支出对大气污染治理的影响研究 [J]. 价格理论与实践, 2019 (03): 143-146.

[128] 王育宝, 陆扬. 财政分权背景下中国环境治理体系演化博弈研究 [J]. 中国人口·资源与环境, 2019, 29 (06): 107-117.

[129] 李干杰. 守护良好生态环境这个最普惠的民生福祉 [N]. 人民日报, 2019-06-03 (009).

[130] 冯林玉. 农村环境治理制度变迁与模式选择 [D]. 重庆大学, 2019.

[131] 邓玲, 王芳. 乡村振兴背景下农村生态的现代化转型 [J]. 甘肃社会科学, 2019 (03): 101-108.

[132] 廉睿, 卫跃宁. "硬法之维"到"软硬共治": 民族地区生态治理的理路重构 [J]. 学习论坛, 2019 (05): 82-88.

[133] 章立东，张涛，吕指臣. 现代化生态文明建设路径的理论研究——基于路径依赖与绿色价格杠杆的分析 [J]. 价格理论与实践，2019 (01): 27-30, 116.

[134] 莫光辉，皮劲轩. 国家治理能力现代化视域下贫困治理体系优化策略——2020 年后中国减贫与发展前瞻探索系列研究之二 [J]. 学习论坛，2019 (04): 38-47.

[135] 汤睿，张军涛. 城市环境治理与经济发展水平的协调性研究 [J]. 价格理论与实践，2019 (02): 133-136.

[136] 潘鹤思，李英，柳洪志. 央地两级政府生态治理行动的演化博弈分析——基于财政分权视角 [J]. 生态学报，2019, 39 (05): 1772-1783.

[137] 陶红茹，蔡志军. 小城镇生态治理困境及其现代化转型——以长江经济带为例 [J]. 湖北社会科学，2018 (10): 56-63.

[138] 李胜，卢俊. 从"碎片化"困境看跨域性突发环境事件治理的目标取向 [J]. 经济地理，2018, 38 (11): 191-195, 240.

[139] 冯梦青. 我国环境治理跨区域财政合作机制研究 [D]. 中南财经政法大学，2018.

[140] 廖小平，孙欢. 论新时代国家治理现代化的生态哲学范式 [J]. 天津社会科学，2018 (06): 4-11, 45.

[141] 张萍. 冲突与合作：长江经济带跨界生态环境治理的难题与对策 [J]. 湖北社会科学，2018 (09): 61-66.

[142] 李宁，李欢. 中部地区乡镇政府生态治理能力现代化的路径探索——以湖北省武汉市乡镇为例 [J]. 湖北社会科学，2018 (07): 67-73.

[143] 朱新林，曹素芳，陆豪. 小城镇多元小集体协同治理的行动逻辑——以湖北省武汉市凤凰镇生态治理为例 [J]. 湖北社会科学，2018 (06): 72-78.

[144] 唐安宝，周杰. 去产能政策效应、金融生态治理效应与银行资产质

量——基于省际面板数据的双重差分模型研究 [J]. 生态经济，2018，34（08）：92-99.

[145] 王雨辰. 论德法兼备的社会主义生态治理观 [J]. 北京大学学报（哲学社会科学版），2018，55（04）：5-14.

[146] 王雨辰. 人类命运共同体与全球环境治理的中国方案 [J]. 中国人民大学学报，2018，32（04）：67-74.

[147] 王芳，李宁. 基于马克思主义群众观的生态治理公众参与研究 [J]. 生态经济，2018，34（07）：221-226.

[148] 杨传明. 中国碳减排制度变迁与发展研究 [J]. 价格理论与实践，2018（06）：10-13.

[149] 董珍. 生态治理中的多元协同：湖北省长江流域治理个案 [J]. 湖北社会科学，2018（03）：82-89.

[150] 王芳，黄军. 小城镇生态环境治理的困境及其现代化转型 [J]. 南京工业大学学报（社会科学版），2018，17（03）：10-21.

[151] 黄宸. 城市水生态网络化治理研究 [D]. 华中科技大学，2018.

[152] 王凤才. 生态文明：生态治理与绿色发展 [J]. 学习与探索，2018（06）：1-8，197.

[153] 张雪. 生态文明多元共治的利益悖论及共容路径探析 [J]. 云南社会科学，2018（03）：80-84.

[154] 滕祥河，文传浩. 政府生态环境治理意志向度词频的引致效应研究 [J]. 软科学，2018，32（06）：34-38.

[155] 杜宇能，潘驰宇，宋淑芳. 中国分地区农业现代化发展程度评价——基于各省份农业统计数据 [J]. 农业技术经济，2018（03）：79-89.

[156] 余贵忠. 返本开新：水族传统生态法治理念的现代化 [J]. 贵州社会科学，2018（02）：96-101.

[157] 王彬彬，李晓燕. 基于多中心治理与分类补偿的政府与市场机制协调——健全农业生态环境补偿制度的新思路 [J]. 农村经济，2018

（01）：34-39.

[158] 田春艳，吴佩芬 . 我国推进农村生态现代化的实践经验探索 [J].
农业经济，2018（01）：50-52.

[159] 王芳，黄军 . 政府生态治理能力现代化的结构体系及多维转型
[J]. 广西社会科学，2017（12）：129-133.

[160] 司林波，聂晓云，孟卫东 . 跨域生态环境协同治理困境成因及路径
选择 [J]. 生态经济，2018，34（01）：171-175.

[161] 姚翼源，黄娟 . 五大发展理念下生态治理的思考 [J]. 理论月刊，
2017（09）：24-28，39.

[162] 郭永园 . 软法治理：跨区域生态治理现代化的路径选择 [J]. 广西
社会科学，2017（06）：105-109.

[163] 王芳，黄军 . 乡镇政府生态治理能力提升路径探析 [J]. 人民论
坛，2017（12）：70-71.

[164] 唐玉青 . 多元主体参与：生态治理体系和治理能力现代化的路径
[J]. 学习论坛，2017，33（02）：51-55.

[165] 杨美勤，唐鸣 . 治理行动体系：生态治理现代化的困境及应对
[J]. 学术论坛，2016，39（10）：31-34.

[166] 张云飞 . 试论中国特色生态治理体制现代化的方向 [J]. 山东社会
科学，2016（06）：5-11.

[167] 方世南 . 以整体性思维推进生态治理现代化 [J]. 山东社会科学，
2016（06）：12-16.

[168] 沈佳文 . 推进国家生态治理体系和治理能力现代化的现实路径
[J]. 领导科学，2016（06）：7-8.

[169] 杨海龙，杨艳昭，封志明 . 自然资源资产产权制度与自然资源资产
负债表编制 [J]. 资源科学，2015，37（09）：1732-1739.

[170] 李晓西，赵峥，李卫锋 . 完善国家生态治理体系和治理能力现代化
的四大关系——基于实地调研及微观数据的分析 [J]. 管理世界，
2015（05）：1-5.

［171］沈佳文．公共参与视角下的生态治理现代化转型［J］．宁夏社会科学，2015（03）：47-52．

［172］周连辉．生态责任主体及其相互关系论［M］．北京：研究出版社，2018．

［173］王轩．"生态福利社会"的生成与民众"生态幸福"的公共性实践——生存安全的发展价值实践逻辑的确立［J］．学术论坛，2015，38（04）：14-17．

［174］林建成，安娜．国家治理体系现代化视域下构建生态治理长效机制探析［J］．理论学刊，2015（03）：85-92．

［175］黄海燕．完善自然资源产权制度和管理体制［J］．宏观经济管理，2014（08）：75-77．

［176］吴健文，成长春．坚持以人民为中心 推进生态治理现代化［J］．南京林业大学学报（人文社会科学版），2021，21（03）：46-54．

［177］齐婉婉，柯坚．论政府在生态保护补偿制度中职能的法律属性［J］．广西社会科学，2021（06）：101-106．

［178］吕志科，鲁珍．公众参与对区域环境治理绩效影响机制的实证研究［J］．中国环境管理，2021，13（03）：146-152．

［179］庄贵阳．我国实现"双碳"目标面临的挑战及对策［J］．人民论坛，2021（18）：50-53．

［180］张强．释放志愿服务新活力 构建现代生态环境治理体系［N］．中国环境报，2021-06-16（003）．

［181］王静，方莹，翟天林，等．国土空间生态保护和修复研究路径：科学到决策［J］．中国土地科学，2021，35（06）：1-10．

［182］付达院，刘义圣．长三角区域生态一体化治理策略研究——基于杭绍甬、苏锡常、广佛肇等城市群的实证测度［J］．云南财经大学学报，2021，37（06）：81-90．

［183］董史烈．制度优势与生态环境治理现代化：嵌入逻辑及其实践［J］．中州学刊，2021（06）：72-78．

[184] 宋保胜，吴奇隆，王鹏飞．乡村生态环境协同治理的现实诉求及应对策略［J］．中州学刊，2021（06）：39-45.

[185] 张丛林，黄洲，郑诗豪，等．基于赤水河流域生态补偿的PPP项目风险识别与分担研究［J/OL］．生态学报，2021（17）：1-11.

[186] 黄晶晶，李玲玲，徐琳瑜．基于外溢生态系统服务价值的区域生态补偿机制研究［J］．生态学报，2021（17）：1-8.

[187] 李加林，陈慧霖，龚虹波，等．东海海洋生态环境治理绩效及其影响因子探测分析［J］．安全与环境学报，2021（05）：1-11.

[188] 渠涛，邵波．生态振兴 建设新时代的美丽乡村［M］．北京：红旗出版社，2020.

[189] 郭建斌．跨域生态环境多元共治机制研究［D］．江西财经大学，2021.

[190] 曾维和，陈曦，咸鸣霞．"水生态文明建设"能促进水生态环境持续改善吗？——基于江苏省13市双重差分模型的实证分析［J］．中国软科学，2021（05）：90-98.

[191] 韩博，金晓斌，孙瑞，等．面向国土空间整治修复的生态券理论解析与制度设计［J］．资源科学，2021，43（05）：859-871.

[192] 田云，陈池波．市场与政府结合视角下的中国农业碳减排补偿机制研究［J］．农业经济问题，2021（05）：120-136.

[193] 张云飞．建设人与自然和谐共生现代化的创新抉择［J］．思想理论教育导刊，2021（05）：62-68.

[194] 赵国党，李慧．乡村生态环境"微治理"的逻辑机理与运行机制研究［J］．中州学刊，2021（05）：80-85.

[195] 温暖．多元共治：乡村振兴背景下的农村生态环境治理［J］．云南民族大学学报（哲学社会科学版），2021，38（03）：115-120.

[196] 邓玲，顾金土．后扶贫时代乡村生态振兴的价值逻辑、实践路向及治理机制［J］．理论导刊，2021（05）：77-84.

[197] 陈美岐．价值转向视角下公众参与生态环境治理的实践路径［J］.

四川师范大学学报（社会科学版），2021，48（03）：78-86.

[198] 于文轩．京津冀生态环境协同法制的实现路径［J］．内蒙古社会科学，2021，42（03）：100-105，213.

[199] 朱佩娟，王楠，张勇，等．国土空间规划体系下乡村空间规划管控途径——以4个典型村为例［J］．经济地理，2021，41（04）：201-211.

[200] 刘敏，包智明．西部民族地区的环境治理与绿色发展——基于生态现代化的理论视角［J］．中南民族大学学报（人文社会科学版），2021，41（04）：73-81.

[201] 顾羊羊，徐梦佳，杨悦，等．喀斯特石漠化区生态保护红线划定——以贵州省威宁县为例［J］．生态学报，2021，41（09）：3462-3474.

[202] 王江寒．关于我国生态环境治理模式及其实施路径研究［J］．价格理论与实践，2020（09）：41-44.

[203] 王书平，宋旋．京津冀生态环境协同治理机制设计［J］．经营与管理，2021（03）：147-150.

[204] 征汉年．国家治理现代化视野下生态环境检察的功能价值研究［J］．河南社会科学，2021，29（03）：61-70.

[205] 张婷婷．生态治理现代化的资本批判及中国方案［J］．青海社会科学，2021（01）：86-93.

[206] 曲延春．农村环境治理中的政府责任再论析：元治理视域［J］．中国人口·资源与环境，2021，31（02）：71-79.

[207] 刘薇，张溪．绿色创新效率下经济与生态环境协调发展研究——以北京市为例［J］．价格理论与实践，2020（03）：26-29，102.

[208] 张翔．关注治理效果：环境公益诉讼制度发展新动向［J］．江西社会科学，2021，41（01）：152-161.